NATURAL SOAP LABORATORY

娜娜媽的
天然皂研究室

30款不藏私
獨家配方大公開

手工皂達人 **娜娜媽** 著

U0114172

拒絕化學添加物，
邁向天然無毒的健康之路

七年多前，我因為十九公分的肝腫瘤接受開刀手術，切掉了三分之二的肝。六個月後癌細胞轉移到肺，共接受了二十五次的化療、十二次的放射（電腦刀）治療及使用口服標靶藥物。

艱辛的克服這一連串的治療路途，讓我爾後在生活、行為、個性上都有很大的改變，其中很重要的改變便是飲食習慣的調整。「避開毒食物、嚴選好食材、品嚐真原味」，是我遵守的飲食指南。當你每天接觸的是新鮮、乾淨、無毒的食物，身體自然就能慢慢找回健康。

此次，收到娜娜媽的推薦邀請，發現她對於手工皂的推廣與我找回自然生活的理念相同。我們的生活充斥著太多化學添加物，無孔不入的入侵成了各種習慣，讓人習以為常而不自覺。除了透過食物的直接攝取容易吃下毒害之外，天天使用的清潔用品，也是一大隱憂，所幸有不同領域的專家願意投身倡導，提供我們更自然的選擇，幫助我們往無毒的道路前進。

許多人現在會問我做哪個行業，我會回答：「健康直銷。」也就是直接面對面，行銷健康的概念。可以感受到娜娜媽與我是健康理念的同行，希望透過手工皂的製作與使用，一同找回肌膚的健康。

台北醫學大學公共衛生系所教授
進修推廣處處長

韓柏檉

無私分享，
全面破解「皂鬱症」難題

民國101年時，手工藝工協會開辦「手工皂專業講師班」訓練課程。經由新北市保養品職業工會林麗娟理事長之引薦，認識了娜娜媽。上網搜尋了一下資料，才發現娜娜媽非常致力於推廣手工皂，並將母乳手工皂的好處，藉由她的理念與堅持，前後發行了好幾本相關書籍，讓台灣開始邁向了手工皂時代，各項手工皂創意與技法的演變及專業知識的探討，讓台灣站上了亞洲手工皂首屈一指的推廣重鎮。

初見娜娜媽，是在她的溫馨工作坊內，迎面而來的笑容與輕鬆的語調，讓人頓時卸下心房，就如同自家姊妹般地和藹可親。更在獲得娜娜媽同意之下，聘任她為「台灣手工藝文創協會」、「新北市手工藝文創協會」、「新北市手工藝業職業工會」及「新北市保養品從業人員職業工會」的首席顧問。幫助學員們提升手工皂技能、增進手工皂專業知識，可是身為工協會理事長的重責大任。

此次新書娜娜媽將她壓箱寶全給翻出來了，讀者們能輕易看懂手工皂的配方架構，並學會寫出自己專屬配方；Q&A相關皂問題一一圖解，無私的研究分享，破解您的「皂鬱症」困擾；十年的手工皂配方經驗大公開，豐富的手工皂實作分享，成為最詳盡的手工皂實驗室；也讓此書成為非常值得擁有並珍藏的不敗經典。

台灣手工藝文創協會
新北市手工藝業職業工會 理事長

吳聰志

不藏私的經驗分享

十年手工皂之路，

認真，是我必須的態度，因為裡面有你們的期待。

每一天利用下班後的三小時，寫完了這一本「娜娜媽的天然皂研究室」。這本書想要傳達實驗與研究的精神，所以花了很多時間不斷的測試、感受、撰寫，是我花費最多時間與心力的一本書，每一個章節反覆的一看再看，不斷思考是否有不足或不清楚之處。

從沒想過會寫手工皂的工具書，而且是一本接著一本，每一本書都是娜娜媽在各個階段對肥皂的不同感受，不斷的學習累積而來的經驗分享。每一本手工皂書都是我生命中的歷程，感謝大家一直以來的參與，讓我有動力持續分享手工皂的點滴。

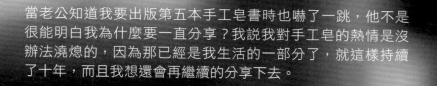

當老公知道我要出版第五本手工皂書時也嚇了一跳，他不是很能明白我為什麼要一直分享？我說我對手工皂的熱情是沒辦法澆熄的，因為那已經是我生活的一部分了，就這樣持續了十年，而且我想還會再繼續的分享下去。

感謝家人和同事的支持，尤其是老公能接受任性的我，而將他的夢想一直往後延期。謝謝一路支持的皂友及同學們，也歡迎新加入打皂世界的新朋友，因為有你們的支持與信任才有娜娜媽，愛妳們喔 ^ ^ ！

娜娜媽

目錄
CONTENTS

2　推薦序——拒絕化學添加物，
　　邁向天然無毒的健康之路

3　推薦序——無私分享，
　　全面破解「皂鬱症」難題

4　作者序——十年手工皂之路，
　　不藏私的經驗分享

Lesson 1 寫配方前你要知道的事

10　掌握製皂材料，設計出專屬配方
11　油脂，手工皂的重要成分
16　水皂＆乳皂
17　精油
18　準備工具
20　基本製皂技巧 STEP BY STEP

Lesson 2 開始寫自己的專屬配方

26　如何設計專屬的天然皂配方？
28　**Point1** 選擇不易酸敗的油品
30　**Point2** 選擇喜歡的洗感
32　**Point3** 選擇喜歡的泡泡程度
38　**Point4** 選擇喜歡的硬度
40　手工皂配方 DIY

Lesson 3 30款超好洗的天然手工皂

一種油也好洗的單純皂

46　單品油實驗室
48　杏桃核仁油皂
52　榛果油皂
56　澳洲胡桃油乳皂
60　芝麻油乳皂
64　米糠油皂
68　未精緻酪梨油乳皂
72　開心果油皂
76　山茶花油皂
80　紅棕櫚果油皂

複合油品皂方
2種油品的純粹搭配

86　開心胡桃寶貝乳皂
90　甜杏仁榛果保溼皂
93　酪梨杏核全效皂
96　杏核乳油木保溼皂
99　杏桃榛果洗顏皂

複合油品皂方
3種油品的經典搭配

104　玫瑰橄欖榛果乳皂
108　杏桃米糠保溼皂
112　低敏感榛果牛奶皂
116　乳油木寶貝乳皂
120　酪梨米糠紅棕皂

複合油品皂方
4種油品的精煉搭配

126　山茶花榛果保溼皂
130　榛果胡桃保溼皂
134　胡桃蘆薈寶貝乳皂
138　乳油木滋潤洗顏乳皂
142　蜜糖可可保溼乳皂
146　開心酪梨洗顏乳皂

潤澤養護洗髮皂

152　潤澤養護洗髮皂

154　篦麻杏桃洗髮皂

157　酪梨深層洗髮皂

160　酪梨洗髮鹽皂

163　杏桃洗髮乳皂

166　椰子篦麻清爽洗髮皂

170　山茶花牛乳髮皂

Lesson 4　手工皂 Q&A 研究室

30 個超詳盡 Q&A 大圖解

176　**Q1**　每一種皂款都會縮水嗎？

176　**Q2**　我的手工皂為什麼會酸敗？

177　**Q3**　如何判斷我的皂是否酸敗了？

177　**Q4**　為什麼冬天做手工皂時，
　　　　　不能太快進行脫模？

178　**Q5**　為什麼會產生白粉？
　　　　　該如何消除呢？

179　**Q6**　什麼是鬆糕？
　　　　　要如何處理鬆糕皂？

179　**Q7**　什麼是果凍？

180　**Q8**　為什麼皂表面會產生水珠，
　　　　　該怎麼辦呢？

180　**Q9**　乳皂與水皂哪一種的
　　　　　成皂比較硬？

180　**Q10**　乳皂和水皂的顏色會
　　　　　有差別嗎？

180　**Q11**　水分的多寡會
　　　　　影響打皂的時間嗎？

181　**Q12**　溫度越低打皂時間
　　　　　需要越久？

181　**Q13**　手工皂一定要添加椰子油
　　　　　才能起泡嗎？

181　**Q14**　只要是油＋鹼＋水做成的
　　　　　皂都會有洗淨力嗎？

181　**Q15**　做皂時應該選擇已精緻
　　　　　還是未精緻的油品比較好？

182　**Q16**　水和母乳或是牛乳皂的
　　　　　保存期限哪一個比較久？

182　**Q17**　剛切好的皂為什麼會
　　　　　有明顯的色差？

183　**Q18**　我的皂出現白白斑點，
　　　　　是發霉了嗎？該怎麼辦呢？

183　**Q19**　黃斑會傳染嗎？

183　**Q20**　天然油品做的皂一定會褪色嗎？

184　**Q21**　母乳或是牛乳皂比水皂
　　　　　更容易定色嗎？

184　**Q22**　為什麼皂的表面會
　　　　　有很多小氣泡？

184　**Q23**　油品裡的油酸越高越容易
　　　　　導致酸敗？

184　**Q24**　製作洗髮皂一定要使用苦茶油或
　　　　　是山茶花油嗎？

185　**Q25**　單品油做的皂真的好洗嗎？

185　**Q26**　不加椰子油也可以做出
　　　　　好洗的皂嗎？

185　**Q27**　棕櫚油會帶來起泡力嗎？

185　**Q28**　透明皂是怎麼做出來的？

186　**Q29**　為什麼 100% 的篦麻油皂
　　　　　不易起泡？

186　**Q30**　皂洗一洗為什麼會出現
　　　　　透明的東西？這是什麼？

希望達到更具詳盡仔細的說明，本書油品特性部分引用參考以下書籍：《植物油全書》、《純天然手工香皂》。

Lesson

1

寫配方前
你要知道的事

透過手工皂的三大基礎原料——
油、水、氫氧化鈉的比例調整，
製作出各式洗感的皂款。

認識各種不同油品的特性，做出天然級的
手工皂，給肌膚帶來最優質的呵護。

掌握製皂材料
設計出專屬配方

「手工皂」是日常生活不可或缺的生活用品，入門簡單，成功率極高，不管自用或是作為送禮禮品都是熱門的手作小物。清潔好用的家事皂、溫和洗顏皂、還有無矽靈洗髮皂都能自己動手製作。

手工皂的皂款與變化很多，可用的素材也隨處可得，像是廚房裡的食用油或是咖啡、鹽、糖、蔬菜水果等等都可以入皂，但是對於新手而言最困難的莫過於要搞懂比例。如何透過油品或是添加物的比例增減，直接判斷配方做出來的肥皂洗感，甚至自己延伸變化出各種喜愛的手工皂配方，都是一大學問。

娜娜媽分享多年手工皂的配方經驗，透過三大基礎原料：油、水、氫氧化鈉之間的比例調整，變化出不同的皂款，只要擁有這本書，就可以輕鬆設計出適合自己的配方囉！

油脂，手工皂的重要成分

油品在手工皂配方裡占了70%，可見其重要性，了解油品的特性，是寫配方的第一步。

油是一種含有碳氫氧的有機化合物，裡面主要的成分是脂肪酸。脂肪酸是由一長串碳氫鍵及羧酸官能基所構成，不同排列方式會形成各種不同的油品。三個脂肪酸連結一個甘油分子所形成的化合物便是油，也就是三酸甘油酯。油與鹼發生反應時，油加鹼會形成脂肪酸金屬鹽（如脂肪酸鈉──固體皂，脂肪酸鉀──軟皂／液體皂皂糰）以及油裡另外釋出的甘油。

🌑 認識飽和脂肪酸 & 不飽和脂肪酸

脂肪酸的種類有很多，大致可以分成兩大類。一類是碳氫鍵不含雙鍵的飽和脂肪酸，如棕櫚酸、硬脂酸等（這兩種的硬度較高）；另一類是含有一個或多個雙鍵的不飽和脂肪酸，如油酸、亞油酸等（這兩者可以讓皂具有很好的保溼效果）。不同脂肪酸之間的區別主要在於碳氫鏈長度、雙鍵數目、位置和構型，以及其他取代基團的數目和位置。

純橄欖皂中橄欖油的主要脂肪酸為18個碳的油酸，而椰子油皂中，椰子油的主要成分為12個碳到14個碳的月桂酸和肉豆蔻酸。基本上愈多碳數的脂肪酸需要的皂化時間愈長，例如：純橄欖皂需打4小時，馬賽皂約2～3小時。

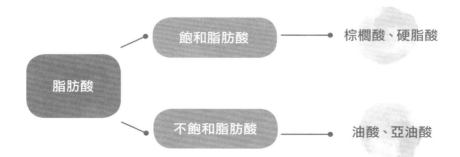

飽和脂肪酸大多為硬油，不飽和脂肪酸為軟油

在飽和脂肪酸的碳鏈中，連接於碳原子的氫原子數量最多，如果其中缺少了某幾個氫原子，則為不飽和脂肪酸，所以飽和脂肪酸就是結構裡沒有不飽和脂肪酸。在冬天一般室溫裡，會凝固的油品為硬油（飽和脂肪酸大多為硬油），不會凝固的為軟油（不飽和脂肪酸大多為軟油），在製作肥皂時，大多會搭配硬油來支撐肥皂的硬度，使皂體不容易軟爛。

不過如果全部使用軟油也可以做皂嗎？沒問題喔，因為每一種油成皂的皂性不一樣，像是杏桃核仁油或是榛果油的 INS 雖然都不高，但卻可以做出堅硬又耐洗的肥皂。

飽和脂肪酸（硬油）的種類

此類油脂包括：椰子油、棕櫚油、棕櫚核仁油、豬油、可可脂、乳油木果脂等等。

種類	組成	特性
月桂酸	12個碳，融點44～47℃	可增加皂的硬度，清潔力強，成皂穩定、泡沫鬆綿（椰子油裡含有很多的月桂酸）。
肉豆蔻酸	14個碳，融點54～58℃	特性和椰子油很像，可增加皂的硬度，具清潔效果、起泡度佳（椰子油15～20%），刺激性比椰子油稍為緩和一點。
棕櫚酸	16個碳，融點64℃	提供皂的硬度，且不會快速融化，安定性佳不易變質，但比例太高時會讓皂過硬、不透氣，例如蜜蠟。
硬脂酸	18個碳，融點70℃	以乳油木果脂及可可脂裡的含量最多，加太多時，因為硬度太高，皂容易一切就裂開。

不飽和脂肪酸（軟油）

不會凝固的油品，大部分為不飽和脂肪酸。不飽和脂肪酸可再分為兩大類：**單元不飽和脂肪酸**及**多元不飽和脂肪酸**。如果其分子鏈中只有一個雙鍵，就是**單元不飽和脂肪酸**，如果有兩個以上就是**多元不飽和脂肪酸**。多元不飽和脂肪酸的雙鍵越多，它的分子就越不穩定，就人體而言，它容易被消化吸收，但對於手工皂而言，容易造成氧化而酸敗。

因為**多元不飽和脂肪酸**能被分解成非常細小的分子，就不容易堆積在我們的心血管之中。但若以做皂來看，飽和脂肪酸含量越高的油，其觸感便會較為厚重黏膩，不容易被皮膚吸收，而它做成肥皂後也會比較硬，且不容易變質，可長久保存，像是棕櫚油、椰子油等等。

多元不飽和脂肪酸含量越高的油，擦在皮膚上質地清爽，就是因為它的油分子容易被分解成更小的分子，所以很快就被皮膚吸收了，用它做成的肥皂會比較軟，而且比較容易產生油酸敗的現象，像是葡萄籽油、葵花油等等。

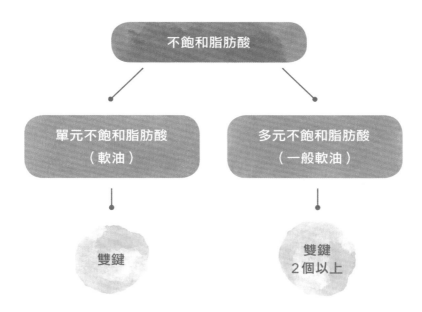

不飽和脂肪酸的種類

種類	特性＆作用	代表油品
18c 油酸	在動植物中常見的不飽和脂肪酸。在各種堅果油、橄欖油裡的油酸占63 ～ 81％，酪梨油酸為70 ～ 80％。 油酸能為皮膚帶來許多益處，它對於皮膚溫合、滲透力強、不刺激、促進新陳代謝、平滑肌膚、並有舒緩及安撫肌膚的作用，像娜娜媽都會用橄欖油當作面油使用。缺點是做成肥皂時硬度會軟一點，在含水氣較重的環境中容易溶化，例如浴室。	橄欖油、榛果油、酪梨油、甜杏仁油、杏桃核仁油、
16c 棕櫚油酸	含有1個不飽和雙鍵的十六碳酸。防止皮膚表層的水分流失，柔潤肌膚、幫助角質再生，是延緩肌膚及細胞老化不可或缺的主要成分，延展係數很好，穩定性高、不易氧化。	澳洲胡桃油、馬油
18c 蓖麻油酸	存在於蓖麻油裡，主結構跟油酸非常相似，親水性很好、保溼度高，也是製作mp皂的主原料之一。溶解度高，也適合用在液體皂上。	蓖麻油
18c 亞油酸 （或稱為亞麻仁油酸）	含有兩個不飽和雙鍵的多元不飽和脂肪酸，對人體而言是一種必需脂肪酸，只能從植物油裡提煉。比油酸多一個雙鍵，所以氧化速度比油酸快。 使細胞膜恢復彈性、防止表皮水分留失，且有柔軟皮膚，幫助角質再生的功效，運用在肥皂上可以得到較多的泡沫，雖然滋潤但比含油酸皂來的清爽，但也容易溶化及酸敗，建議比例在10％以下。	月見草油、葡萄籽油、紅花籽油、葵花油、小麥胚芽油、大豆油
18c 亞麻酸 （或稱為次亞麻仁油酸）	因為有3個不飽和雙鍵的多元不飽和脂肪酸，所以更容易氧化，它是維持皮膚彈性的重要脂肪酸，對角質的修護比亞油酸更有效。缺點是保存期限短、易酸敗。	亞麻子油、玫瑰果油

各種油品特色及功效一覽表

油脂種類	功效說明
椰子油	皂的基礎用油，起泡度佳、洗淨力強。秋冬時，椰子油為固態的油脂，須先隔水加熱後，再與其他液態油脂混合。
棕櫚油	皂的基礎用油，可以提升皂的硬度，使皂不容易軟爛。秋冬時，棕櫚油為固態的油脂，須先隔水加熱後，再與其他液態油脂混合。
乳油木果脂	具有修護作用，保溼滋潤度極高，也很適合做護手霜及油霜使用。
杏桃核仁油	含有豐富的維生素、礦物質，很適合乾性與敏感性肌膚使用。對於臉上的小斑點、膚色暗沉、蠟黃、乾燥脫皮、敏感發炎等情況能有所改善。
澳洲胡桃油	成分非常類似皮膚的油脂，保溼效果良好，最大的特色是含有很高的棕櫚油酸，可以延緩皮膚及細胞的老化，做皂時的建議用量為5% ～ 100%。
橄欖油	起泡度穩定、滋潤度高，它含有天然維生素E及非皂化物成分，營養價值較高，能維護肌膚的緊緻與彈性，具有抗老功效，是天然的皮膚保溼劑。通常會選擇初榨（Extra Virgin）橄欖油來製作。
榛果油	具有美白、保溼效果，很適合作為洗臉皂的材料。
棕櫚核仁油	起泡度高，比椰子油溫和，可以取代椰子油使用。
開心果油	有抗老化的效果，對粗糙肌膚的修復效果很好。
甜杏仁油	溫和不刺激，保溼滋潤度佳。適合敏感性或是嬰幼兒的肌膚。
紅棕櫚油	富含天然的 β-胡蘿蔔素和維生素E，能幫助肌膚修復，改善粗糙膚質，用量需控制在總油量的5% ～ 100%之內。
蓖麻油	有肌膚修護、保溼的作用。適合用來做髮皂。比例太高會提高皂化速度，導致來不及入模。
酪梨油	酪梨油的起泡度穩定、滋潤度高，具有深層清潔的效果。
山茶花油	含有豐富的蛋白質、維生素A、E，具有高抗氧化物質，用於清潔時，會在肌膚表面形成保護膜，鎖住水分不乾燥，做為洗髮皂或護髮油也很適合。
苦楝油	有很好的殺菌鎮定效果，可以止癢、舒緩異位性皮膚炎。不過香氣較特殊，有些人較無法接受。
芥花油	價格便宜、保溼度佳、泡沫穩定細緻，但必須配合其他硬油使用，建議用量在20%以下。
可可脂	屬於固態油脂，聞起來有一股淡淡的巧克力味，保溼滋潤效果佳，非常適合乾燥肌膚使用，做成護唇膏也很適合。
苦茶油	可以刺激毛髮生長，讓頭髮充滿光澤，對於頭髮修護保養很有益處。
米糠油	可抑制黑色素形成，保溼滋潤度高，洗感清爽。高比例使用時，皂體容易變黃。

水皂&乳皂

不管是以水分入皂的手工皂，或是以母乳、牛乳、羊乳等乳脂入皂的乳皂，製作方式都是大同小異的。

水分的選擇上，除了利用純水（一定是要煮開的水，切勿使用生水），其他像是利用絲瓜水、花水、胡蘿蔔汁等材料製成冰塊入皂，都相當好！而乳皂的好處在於乳中的脂肪成分，具有很好的滋潤效果，洗起來會更溫潤舒服。

粉類材料

添加粉類的手工皂，不但可以增加功效，還可以利用分層、渲染的技巧，為手工皂帶來美麗的色彩變化。不過添加時，要先將粉類過篩並均勻攪拌，才不會混合不均勻喔！

粉類	入皂功效
有機胭脂樹粉	可以抑制細菌生長，預防痘痘，讓皂液變成深橘色。
低溫艾草粉	具有安神的作用，可用於緩和緊張、幫助睡眠。混入皂液中，可使皂液變成綠色。
粉紅石泥粉	粉紅石泥有輕微去角質的功效，可以讓膚色更明亮，並讓皂液變成粉紅色。
可可粉	可可粉有安定心情、舒緩神經的效果。在做造型皂時，可以讓皂材變成咖啡色。
綠藻粉	富含多種胺基酸及微量元素，具保溼滋潤效果，並可促進細胞再生，入皂後可以讓皂液呈現綠色。

精油

精油在製皂過程中所扮演的角色，可以說是畫龍點睛的效果，一般人拿到手工皂第一件事就是拿起來聞，若是手工皂不香，通常接受度也都不高。反之，有可能因為味道聞起來很舒服，就此喜歡上手工皂了呢！

不過選擇精油時要特別注意，請挑選信任的品牌或商家，避免買到化學精油。市售薰香因含有溶劑，容易加速皂化，並不適合入皂。

精油	功效
真正薰衣草精油	修護肌膚效果佳，用來放鬆舒壓也很棒！
廣藿香精油	可促進傷口癒合及皮膚細胞再生，抗發炎效果佳，對於溼疹、毛孔角化、香港腳等都能有效改善。
胡椒薄荷精油	淡斑、增加皮膚彈性，清涼的感覺對止癢很有幫助。
檸檬精油	可以幫助軟化角質、美白、預防皺紋。
醒目薰衣草精油	促進傷口癒合，有止痛、抗菌的功效。
波本天竺葵精油	有良好的清潔效果，各種膚質皆適用。
伊蘭伊蘭精油	又稱「香水樹」，使用在皮膚上可以幫助美白肌膚、調節油脂分泌。
迷迭香精油	可刺激毛髮生長，有效改善頭皮屑；對皮膚有收斂的效果，適合容易出油的肌膚。
甜橙花精油	能舒緩緊繃的神經，安定煩躁的情緒。
安息香精油	可使疤痕快速癒合，像是嘴唇乾裂、腳底皮膚龜裂都能有效改善。
薄荷精油	能帶來清涼舒適的感覺，可以用來提振精神。
藍膠尤加利精油	幫助傷口癒合，有強力的殺菌和驅蟲功效。
茶樹精油	有抗菌、消炎的效果，能有效抑制痘痘。
山雞椒精油	有收斂、緊實肌膚的效果，適合油性肌膚使用。

準備工具
TOOLS

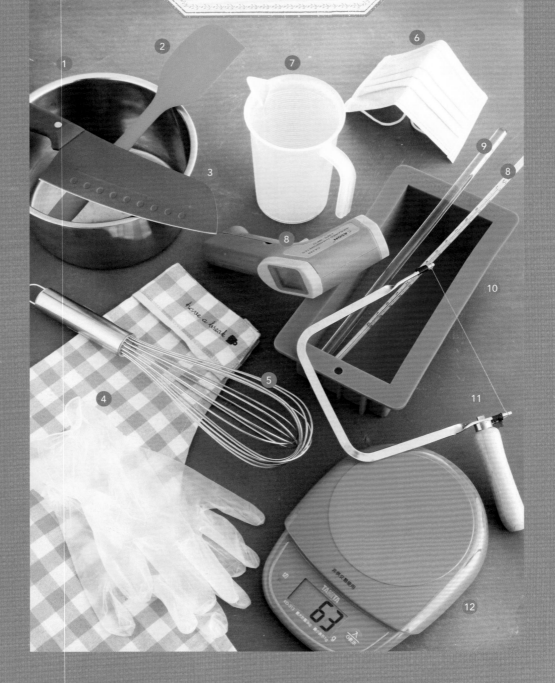

❶ 不鏽鋼鍋

一定要選擇不鏽鋼材質，切忌使用鋁鍋。需要兩個，分別用來溶鹼和融油，若是新買的不鏽鋼鍋，建議先以醋洗過，或是以麵粉加水揉成麵糰，利用麵糰帶走鍋裡的黑油，避免打皂時融出黑色屑屑。

❷ 刮刀

一般烘焙用的刮刀即可。可以將不鏽鋼鍋裡的皂液刮乾淨，減少浪費。在做分層入模時，可以協助緩衝皂液入模，讓分層更容易成功。

❸ 菜刀

一般的菜刀即可，厚度越薄越好切皂。最好與做菜用的菜刀分開使用。

❹ 手套、圍裙

鹼液屬於強鹼，在打皂的過程中，需要特別小心操作，戴上手套、穿上圍裙，避免鹼液不小心潑出時，對皮膚或衣服造成損害。

❺ 不鏽鋼打蛋器

用來打皂、混合油脂與鹼液，一定要選擇不鏽鋼材質，避免融出黑色屑屑。

❻ 口罩

氫氧化鈉遇到水，會產生白色煙霧以及刺鼻的味道，建議戴上口罩防止吸入。

❼ 量杯

用來放置氫氧化鈉，全程必須保持乾燥，不能有水分。選擇耐鹼塑膠或不鏽鋼材質皆可。

❽ 溫度槍或溫度計

用來測量油脂和鹼液的溫度，若是使用溫度計，要注意不能將溫度計當作攪拌棒使用，以免斷裂。

❾ 玻璃攪拌棒

用來攪拌鹼液，需有一定長度，尺寸大約30cm長、直徑1cm者使用起來較為安全，操作時較不會不小心觸碰到鹼液。

❿ 模具

各種形狀的矽膠模或塑膠模，可以讓手工皂更有造型，若是沒有模具，可以用洗淨的牛奶盒來替代，需風乾之後再使用，並特別注意不能選用裡側為鋁箔材質的紙盒。

⓫ 線刀

線刀是很好的切皂工具，價格便宜，可以將皂切得又直又漂亮。

⓬ 電子秤

最小測量單位1g即可，用來測量氫氧化鈉、油脂和水分。

基本製皂技巧
STEP BY STEP

A 準備

1 請在工作檯鋪上報紙或是塑膠墊，避免傷害桌面，同時方便清理。戴上手套、護目鏡、口罩、圍裙。

TIPS 請先清理出足夠的工作空間，以通風處為佳，或是在抽油煙機下操作。

B 融油

2 電子秤歸零後，將配方中的軟油和硬油分別測量好，並將硬油放入不鏽鋼鍋中加溫，等硬油融解後再倒入軟油，可以同時降溫，並讓不同油脂充分混合。（硬油融解後就可關火，不要加熱過頭喔！）

C 測量

3 依照配方中的分量，測量氫氧化鈉和水（或母乳、牛乳）。水需先製成冰塊再使用，量完後置於不鏽鋼鍋中備用。

TIPS1 用量杯測量氫氧化鈉時，需保持乾燥不可接觸到水。

TIPS2 將要做皂的水製成冰塊再使用，可降低溶鹼時的溫度。

D 溶鹼

4 將氫氧化鈉分 3～4 次倒入冰塊或乳脂冰塊旁，並用攪拌棒不停攪拌混合，速度不可以太慢，避免氫氧化鈉結塊，直到氫氧化鈉完全融於水中，看不到顆粒為止。

5 若不確定氫氧化鈉是否完全溶解，可以使用篩子過濾。

TIPS1 攪拌時請使用玻璃攪拌棒或是不鏽鋼長湯匙，切勿使用溫度計攪拌，以免斷裂造成危險。

TIPS2 若此時產生高溫及白色煙霧，請小心避免吸入，或打開窗戶、抽油煙機保持通風。

E 混合

6 當鹼液溫度與油脂溫度維持在 35℃ 之下，且溫度在 10℃ 之內，便可將油脂倒入鹼液中。

TIPS 若是製作乳皂，建議調和溫度在 35℃ 以下，顏色會較白皙好看。

F 打皂

7 用不鏽鋼打蛋器混合攪拌，順時針或逆時針皆可。

TIPS1 剛開始皂化反應較慢，但隨著攪拌時間越久會越濃稠，15分鐘之後，可以歇息一下再繼續。

TIPS2 如果攪拌次數不足，可能導致油脂跟鹼液混合不均勻，而出現分層的情形（鹼液都往下沉到皂液底部）。

TIPS3 若是使用電動攪拌器，攪拌只需約3～5分鐘。不過使用電動攪拌器容易混入空氣而產生氣泡，入模後需輕敲模子來清除氣泡。

8 不斷攪拌後，皂液會漸漸像沙拉醬般濃稠，整個過程約需25分鐘～4.5小時（視配方的不同，攪拌時間也不一定）。試著在皂液表面畫8，若可看見字體痕跡，代表濃稠度已達標準。

9 加入精油或其他添加物，再攪拌約300下，直至均勻即可。

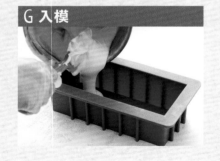

G 入模

10 將皂液入模，入模後可放置於保麗龍箱保溫一天，冬天可以放置三天後再取出，避免溫差太大產生皂粉。

H 脫模

11 放置約 3 ～ 7 天後即可脫模,若是皂體還黏在模子上可以多放幾天再脫模。

12 脫模後建議再置於陰涼處風乾 3 天,等表面都呈現光滑、不黏手的狀態再切皂,才不會黏刀。

13 將手工皂置於陰涼通風處約 4 ～ 6 週,待手工皂的鹼度下降,皂化完全後才可使用。

TIPS1 請勿放於室外晾皂,因室外濕度高,易造成酸敗,也不可以曝曬於太陽下,否則容易變質。

TIPS2 製作好的皂建議用保鮮膜單顆包裝,防止手工皂反覆受潮而變質。

娜那媽
小叮嚀

- 因為鹼液屬於強鹼,從開始操作到清洗工具,請全程穿戴圍裙及手套,避免受傷。若不小心噴到鹼液、皂液,請立即用大量清水沖洗。

- 使用過後的打皂工具建議隔天再清洗,置放一天後,工具裡的皂液會變成肥皂般較好沖洗。同時可觀察一下,如果鍋中的皂遇水後是渾濁的(像一般洗劑一樣),就表示成功了;但如果有油脂浮在水面,可能是攪拌過程中不夠均勻喔!

- 打皂用的器具與食用的器具,請分開使用。

- 手工皂因為沒有添加防腐劑,建議一年內使用完畢。

- 手工皂完成後,建議放置兩個月後再使用,放越久洗感會越溫潤。

Lesson

2

開始寫自己的
專屬配方

**沒有專業的化學背景，
也可以搭配出好洗的專屬配方。**

找出想要的洗感需求，針對需求
一一破解。完全圖解油品特性、起
泡度、溶解度，清楚掌握材料特
性，自己寫配方，一點都不難！

如何設計專屬的天然皂配方？

寫配方前，先考慮洗感需求，再挑選適合油品

許多人擔心自己沒有專業的化學背景，不懂脂肪酸特性，不知從何著手設計配方。娜娜媽累積了十年的做皂經驗，並花了一年多的時間深入了解油品特性與測試，提供幾項具體的思考方向，讓大家可以更容易的寫出專屬配方。

不管是做皂新手、老手常常都會有共同的疑問，要如何自己設計配方呢？通常我會建議大家要先思考兩件事情：一、先找出想要的洗感及需求，二、找出符合需求的油品進行搭配。從這兩個大方向著手思考，就不會感到手足無措了。

寫配方前，掌握五大重點

❶ 選擇油品：脂肪酸是油脂的主要成分，油的特性決定皂的洗感及性質，想要用於洗臉、洗澡或洗頭？適合的油品也不相同，我們將每款單品油一一做成肥皂，實際使用過後，與大家分享各種測試結果。（可參考 p44《一種油也好洗的單純皂》單元的試洗心得）。

❷ 想要的洗感效果：希望皂能呈現怎麼樣的親膚性、泡泡大小、保溼度、泡泡持久性、耐不耐洗等特性，都需要藉由油品來調整。（可參考 p30《選擇喜歡的洗感》）。

❸ 耐洗度：以往我們通常都以 INS 值來判斷肥皂的硬度，INS 值越高，成皂越硬、越耐洗（像是椰子油 INS258），反之皂就越軟（像是純橄欖皂 INS109），不過除了參考 INS 值之外，娜娜媽透過將每一款單品油皂靜置於水中測試溶解度的方式，列出了耐洗度排行（可參考 p39 的單品油皂溶解度測試）。

❹ 起泡度：起泡的程度與油脂中含有的脂肪酸習習相關，像是月桂酸（椰子油）、蓖麻油酸（蓖麻油）。擁有良好的起泡力對於洗髮皂或是寵物皂特別重要，是一般人覺得好洗與否的關鍵。

娜娜媽將每一款單品油皂放入起泡袋中輔助起泡，觀察每一款皂的起泡大小、持久性、綿密度等等，透過這樣的測試結果，讓大家在寫配方時，更能

依據自己的需求來選擇油品（可參考p34的起泡度測試，每一款油品皂都有起泡度的圖解說明）。

❺ **穩定性**：如何讓皂不要太快酸敗？肥皂的穩定性越高，越能維持皂的品質。皂的穩定性主要來自於硬脂酸和棕櫚酸的含量，此兩種脂肪酸含量高時，硬油較多，較不好洗，但穩定性高，若是油酸過多則穩定性較差。

各種單品油皂排行榜

以100％單品油加入2.2倍水或乳的配方製作成皂，試洗比較後，票選出以下排行榜。

TOP	起泡度排行	耐洗度排行	酸敗排行	單品油 TRACE速度	網友票選 喜好油品
1	芝麻油皂	棕櫚油皂	葵花油皂	棕櫚油 5～10 mins	乳油木果脂
2	杏桃核仁油皂	乳油木果皂	葡萄籽皂	米糠油 10 mins	橄欖油
3	葡萄籽皂	酪梨油皂、 杏桃油皂	大豆油皂	蓖麻油 10 mins	甜杏仁油
4	酪梨油皂	榛果油皂、 山茶花油皂	甜杏仁油皂	乳油木果脂 10 mins	酪梨油
5	小麥胚皂	米糠油皂	芥花油皂	酪梨油 25 mins	米糠油
6	榛果油皂	澳洲胡桃皂	玫瑰果油皂	芝麻油 25 mins	榛果油
7	米糠油皂		月見草油皂	澳洲胡桃油 35 mins	澳洲胡桃油
8	山茶花油皂				
9	白油皂				
10	乳油木果脂皂				
11	芥花油皂				

選擇不易酸敗的油品

選擇好油，寫出成功配方的第一步

油品中的亞油酸比例太高、攪拌不均勻、材料不新鮮、晾皂環境過於潮濕等等，都有可能讓肥皂提前酸敗。除了製皂過程中的一些原因會導致酸敗外，如果一開始就選擇了易酸敗油品，就極容易做出酸敗的肥皂。所以選擇不易酸敗的油品是一大重點，或是在調配配方時，就可以盡量避免使用易酸敗油品，才不會白費時間與力氣，浪費了一鍋好皂啊！

● 葵花油、葡萄籽油油酸高，入皂易酸敗

之前在網路手工皂社團裡邀請網友參與票選出喜歡的油品＆覺得容易酸敗的油品，與娜娜媽實際測試後的結果相近，提供給大家參考。像是葵花油皂有70%油酸、葡萄籽皂有58～78%，因為亞油酸的比例都超過50%以上，以脂肪酸來看，做成皂的確是容易酸敗的。尤其葵花油皂放置一個星期就會開始長油斑，成皂也是軟到不行，放於配方中極容易影響成皂的硬度及讓成皂提前酸敗，所以上述這二款油品的比例建議不要超過10%。我的第二本書《娜娜媽教你做超滋養天然修護手工皂》裡的無患子皂使用了20%的葡萄籽油，若擔心酸敗也可以改成酪梨油，但是皂化價要重新算過。

皂友票選不易酸敗的好油排行榜

排名	油脂	票數	排名	油脂	票數
Top1	乳油木果脂	93	Top6	米糠油	37
Top2	橄欖油	84	Top7	榛果油	24
Top3	甜杏仁油	79	Top8	澳洲胡桃油	17
Top4	酪梨油	59	Top9	棕櫚油、蓖麻油	16
Top5	椰子油	41	Top10	紅棕櫚油	11

皂友票選易酸敗油品排行榜

排名	油脂	票數	排名	油脂	票數
Top1	芥花油	62	Top8	胡桃油	3
Top2	葡萄籽油	32	Top9	米糠油	2
Top3	葵花油	27		蓖麻油	2
Top4	大豆油	9	Top10	其他：酪梨油、榛果油、橄欖油、杏桃核仁油、小麥胚芽油、白油、夏威夷核果油	各1票
Top5	月見草油	8			
Top6	玫瑰果油	7			
Top7	甜杏油	4			

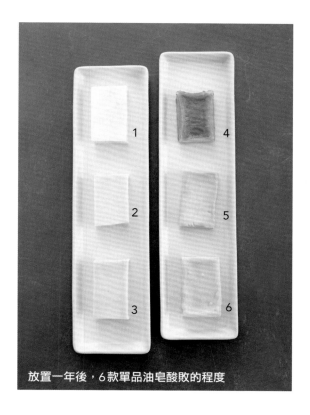

放置一年後，6款單品油皂酸敗的程度

 左　　　 右

1 杏桃核仁油皂　　4 葡萄籽油皂
2 澳洲胡桃油皂　　5 甜杏仁油皂
3 酪梨油皂　　　　6 芥花油皂

選擇喜歡的洗感

擁有清潔力與保溼力的人氣油品

每個人喜歡的洗感不同、膚質與頭皮的特性也不同,有些人容易出油,希望能有控油與清潔力的效果;有些人皮膚容易乾燥缺水,需要加強保溼補水;有些人在意一些肌膚小問題,希望能淡化斑點、改善細紋等等,這些需求都會反應在配方的設計上,因此了解各種油品的特性與其優缺點是必要的,幫助我們更能精準掌握適合的配方。

單品油皂洗感測試

最好 ★★★★★　　不錯 ★★★★　　普通 ★★★　　不好 ★★　　很差 ★

	油品	清潔力	保溼力		油品	清潔力	保溼力
1	杏桃核仁油	★★★	★★★★	11	芥花油	★★	★★★
2	榛果油	★★★	★★★★	12	葡萄籽油	★★	★★★
3	酪梨油	★★★	★★★★	13	乳油木果脂	★★	★★★★
4	山茶花油	★★★	★★★★	14	蓖麻油	★	★
5	苦茶油	★★★	★★★★	15	棕櫚油	★★★	★★
6	芝麻油	★★	★★★★★	16	椰子油	★★★★★	★
7	澳洲胡桃油	★★★	★★★★	18	白油	★★★	★★
8	米糠油	★★★	★★★★	19	開心果油	★★★	★★★★
10	甜杏仁油	★★★	★★★★	20	小麥胚芽油	★★★	★★★★

30分鐘快速完成的皂款

	皂款	打皂時間	頁數
1	紅棕櫚果油皂	3～5分鐘	p80
2	酪梨深層洗髮皂	8～10分鐘	p157
3	米糠油皂	10分鐘	p64
4	開心酪梨洗顏皂	12～15分鐘	p146
5	酪梨洗髮鹽皂	15分鐘	p160
6	椰子篦麻清爽洗髮皂	15分鐘	p166
7	酪梨米糠紅棕皂	15～20分鐘	p120
8	乳油木寶貝乳皂	20分鐘	p116
9	芝麻油乳皂	20～25分鐘	p60
10	未精緻酪梨油乳皂	25分鐘	p68

30～60分鐘完成的皂款

	皂款	打皂時間	頁數
1	澳洲胡桃油乳皂	35分鐘	p56
2	酪梨杏核全效皂	35分鐘	p93
3	山茶花榛果保溼皂	35分鐘	p126
4	杏桃洗髮乳皂	38分鐘	p163
5	篦麻杏桃洗髮皂	40分鐘	p154
6	山茶花牛乳髮皂	50分鐘	p170
7	低敏感榛果牛奶皂	50分鐘	p112
8	杏桃胡桃保溼皂	55分鐘	p130

1小時以上完成的皂款

	皂款	打皂時間	頁數
1	乳油木滋潤洗顏乳皂	80分鐘	p138
2	杏核乳油木保溼皂	1.5小時	p96
3	開心果油皂	2小時	p72
4	胡桃蘆薈寶貝乳皂	2小時15分鐘	p134
5	玫瑰橄欖榛果乳皂	2.5小時	p104
6	杏桃榛果洗顏皂	2.5小時	p99
7	蜜糖可可保溼乳皂	3小時	p142

	皂款	打皂時間	頁數
8	山茶花油皂	3.5小時	P76
9	開心胡桃寶貝乳皂	4小時	p86
10	甜杏仁榛果保溼皂	4小時	p90
11	榛果油皂	4～4.5小時	p52
12	杏桃米糠保溼皂	4.5小時	p108
13	杏桃核仁油皂	4.5小時	p48

選擇喜歡的泡泡程度

泡泡鬆綿多寡，可以自己決定

在清潔的觀念裡，大家都有泡泡的迷思，總覺得泡泡越多洗得越乾淨，或是喜歡享受大量泡泡帶來溫柔包覆的感覺，所以在製作手工皂時，起泡力、泡泡的大小、綿密度等等，成為許多皂友製作手工皂時的評估重點。

手工皂起泡度測試

這次的單品油皂是娜娜媽經過一年多的測試與試洗過後，整理出以下的試洗心得。從單品油的起泡度測試裡，可以讓大家清楚看出每種油品的起泡度表現，並有助於油品的選擇與搭配。

娜娜媽也在這個起泡度測試裡，發掘到以往所不知道的事，並顛覆之前對於某些油品的印象，像是蓖麻油皂，起泡度並不如我想像，排名還是「吊車尾」，而白油皂的起泡力和滋潤度出奇的好，另外最驚喜的就是棕櫚油皂，雖然洗後會有一點乾澀，但是泡泡量卻不少，還有像是山茶花油與苦茶油的皂化價雖然一樣，但是洗起來卻能明顯感受到差異，打皂時間、成皂硬度也不太一樣。在這個實驗測試裡，得到好多有趣的收穫。

起泡力測試方法

STEP 1 → STEP 2 → STEP 3 → STEP 4

將手工皂裝入起泡袋中。

淋上足夠的水分，才能搓出明顯的泡泡。

每一款皂搓二十下，觀察起泡力與泡泡大小。

將泡泡靜置桌面，三分鐘後再觀察消泡程度。

20種單品油皂泡泡力大評比

這次的起泡度測試，盡量在相同客觀的條件下進行所得到的結果，不過也並非絕對，大家有興趣也不妨親身體驗試洗看看。

最好★★★★★　　不錯★★★★　　普通★★★　　不好★★　　很差★

油品	起泡度	起泡大小	泡泡持久性
杏桃核仁油	★★★★★	●	★★★★
榛果油	★★★★★	●	★★★★
酪梨油	★★★	●	★★
山茶花油	★★★★★	●	★★★
苦茶油	★★★★	●	★★★
芝麻油	★★★★★	●	★★★★
澳洲胡桃油	★★	●	★★
米糠油	★★★★★	●	★★★
甜杏仁油	★★★★★	●	★★★
芥花油	★★★★	●	★★★
葡萄籽油	★★★	●	★★
乳油木果脂	★★★★★	●	★★★
蓖麻油	★	●	★
棕櫚油	★★★	●	★★
椰子油	★★★★	●	★★
白油	★★★★	●	★★★★
開心果油	★★★	●	★★★
小麥胚芽油	★★★★	●	★★★★

1 澳洲胡桃油皂 測試結果 搓出來的泡泡水水的，泡沫細小、起泡力差。

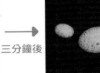

三分鐘後

2 酪梨油皂 測試結果 快速就能搓出豐盈泡泡、但消泡速度也快。

三分鐘後

3 米糠油皂 測試結果 起泡力佳，泡泡豐盈細緻，感覺相當親膚。消泡很快、好沖洗。

三分鐘後

4 芝麻油皂 測試結果 此次測試中起泡力最優質的皂，泡泡又細又綿，可以感受到好像很多小柔珠在肌膚上，洗完保溼度佳。三分鐘過後泡泡仍然挺立。

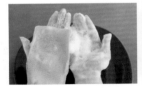

三分鐘後

5 榛果油皂 測試結果 起泡度佳、保溼度好、泡泡續航力也不錯。

三分鐘後

⑥ **杏桃核仁油皂** 測試結果 泡沫柔細好沖洗，泡泡續航力佳。

三分鐘後

⑦ **山茶花油皂** 測試結果 泡泡蓬鬆綿密，和同樣常用於洗髮皂的苦茶油比較起來，洗感更勝苦茶油，皂體也比苦茶油更硬。

三分鐘後

⑧ **苦茶油皂** 測試結果 泡泡細緻，續航力很好，單純的苦茶油皂也能帶來好沖洗、不乾澀的洗感。

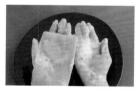  

三分鐘後

⑨ **篦麻油皂** 測試結果 竟然完全搓不出泡泡，顛覆之前對於蓖麻油會帶來許多泡泡的觀念。寫配方時就知道篦麻油需要搭配其他油品幫助起泡。

 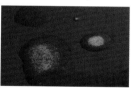 

三分鐘後

⑩ **芥花油皂** 測試結果 起泡快、泡泡比較大及鬆散，續航力不錯。

三分鐘後

⓫ **開心果油皂** 測試結果 泡泡續航力不錯。

三分鐘後

⓬ **棕櫚油皂** 測試結果 可以快速起泡,屬於中型泡沫,泡泡較塌不蓬鬆,洗後感到較為乾燥。

三分鐘後

⓭ **葡萄籽油皂** 測試結果 起泡中等,泡泡洗感清爽。

三分鐘後

⓮ **椰子油皂** 測試結果 起泡力佳,屬於大泡泡,消泡速度快。

三分鐘後

⓯ **乳油木皂** 測試結果 泡泡雖小但續航力好,不易消泡。

三分鐘後

16 50％椰子油＋50％蓖麻油 測試結果 起泡力不佳，很難搓出泡泡，三分鐘過後泡泡幾乎變成一攤水。需要加入較多的水才能搓出泡泡。

三分鐘後

17 50％椰子油＋50％苦茶油 測試結果 消泡速快，三分鐘後泡泡幾乎消失了，由此可見高比例的椰子油削減了苦茶油的起泡力。

三分鐘後

18 純橄欖皂 測試結果 起泡度差，泡泡持續性中等。

三分鐘後

19 小麥胚芽油皂 測試結果 起泡力佳，泡泡豐盈蓬鬆，不易消泡。

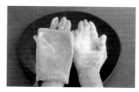  

三分鐘後

20 白油皂 測試結果 難以想像白油的泡泡竟然如此綿密，且泡泡的續航力也不錯。

三分鐘後

選擇喜歡的硬度

掌握硬度，做出好洗不軟爛的肥皂

硬度（INS值），是用來計算手工皂完成後的硬度，一般說來INS值愈高，做出來的手工皂硬度就愈高；INS值愈低，做出來的手工皂硬度就愈低。不過肥皂的INS值很重要嗎？因為大家都不喜歡過於軟爛的肥皂，所以對於硬度會有一定的要求。

● INS值只能參考，並非絕對

這一次的單品油測試，徹底顛覆了我對肥皂INS的看法。第一次做杏桃核仁油（INS91）單品皂時，放了一個星期才想到要去切皂，摸到硬邦邦的皂體時，心想是不是過鹼了？是否需要再重新熱製？但是後來又做了幾次，發現皂體還是一樣堅硬，這才發現原來是單品油自己的皂性，這種油品適合做出又硬又白、起泡力又不錯的皂，如果不計成本的話，可以考慮用來取代棕櫚油和椰子油。

另外像澳洲胡桃油的成皂也是非常的堅硬，但是INS值只有119，難怪之前就有人說INS只能拿來參考，並非絕對，同時更加體認到做皂雖然簡單，但其中影響的變數還真是不簡單！

● 溶解度測試，耐用度新發現

娜娜媽再度著手進行實驗，試著將皂丟入水中，觀察肥皂的溶解程度。較不容易溶於水表示皂的硬度較高、較為耐用，像是棕櫚油、乳油木果脂的單品油皂放置兩天仍然只有局部溶於水，而蓖麻油三小時即溶解成液體狀，由此可知蓖麻油非常適合使用於液體皂。透過這個溶解度測試，更可以了解並不是只有硬油才能支撐硬度喔！

以下的測試分別將5g的皂放入20g的常溫水中，置於室溫，每隔一個小時拍照記錄每款皂的溶解速度，觀察它們的溶解狀態。

單品油皂溶解度測試

溶解速度	皂款	溶解時間
Top1	蓖麻油皂	3小時
Top2	芝麻油皂	7小時
Top3	芥花油皂	10小時
Top4	椰子油皂	11個小時
Top5	杏桃油皂	靜置12小時後，水有稍微變得混濁，但皂體依然相當完整，溶解速度較為緩慢。
Top6	苦茶油皂	20小時
Top7	棕櫚油皂	靜置24小時過後，只有水分減少，再加入20g的水，皂體一樣很難溶於水。

▲蓖麻油皂靜置3小時後，皂體幾乎全部溶解。

▲山茶花油皂靜置12小時後，水有稍微變得混濁，但皂體還是很完整。

▲棕櫚油皂靜置12小時後，皂體依舊完整。

手工皂配方DIY

固體皂三要素即為油脂、水分、氫氧化鈉，這三個要素的添加比例都有其固定的計算方法，只要學會基本的計算方法之後，便可以調配出適合自己的完美配方。

油脂的計算方式

製作手工皂時，因為需要不同油脂的功效，添加的油品眾多，必須先估算成品皂的INS硬度，一般而言，讓INS值落在120～170之間，做出來的皂才會軟硬度適中，如果超過此範圍，可能就需要重新調配各油品的用量。

各種油品的皂化價 & INS值

油脂	皂化價	INS	油脂	皂化價	INS
椰子油	0.19	258	蓖麻油	0.1286	95
棕櫚核仁油	0.156	227	榛果油	0.1356	94
可可脂	0.137	157	開心果油	0.1328	92
棕櫚油	0.141	145	杏桃核仁油	0.135	91
澳洲胡桃油	0.139	119	芝麻油	0.133	81
乳油木果脂	0.128	116	羊毛油	0.063	77
白油	0.136	115	米糠油	0.128	70
橄欖油	0.134	109	葡萄籽油	0.1265	66
苦茶油	0.1362	108	小麥胚芽油	0.131	58
山茶花油	0.1362	108	芥花油	0.1241	56
酪梨油	0.1339	99	月見草油	0.1357	30
甜杏仁油	0.136	97	玫瑰果油	0.1378	19
蘆薈油	0.139	97	橄欖脂	0.134	16
			荷荷芭油	0.069	11

> 成品皂INS值＝
> （A油重 × A油脂的INS值）＋（B油重 × B油脂的INS值）＋……÷**總油重**

我們以「山茶花榛果保溼皂」的配方（見P.126）為例，配方中包含榛果油250g、山茶花油210g、椰子油100g、棕櫚油140g，總油重為700g，其成品山茶花榛果保溼皂的INS值計算如下：

（榛果油250g×94）＋（山茶花油210g×108）＋（椰子油100g×258）＋
（棕櫚油140g×145）÷700＝92280÷700＝131.8285→四捨五入即為132，此款皂的INS即為132。

氫氧化鈉的計算方式

估算完INS值之後，便可將配方中的每種油脂重量乘以皂化價後相加，計算出製作固體皂時的氫氧化鈉用量，計算公式如下：

> 氫氧化鈉用量＝
> （A油重 × A油脂的皂化價）＋（B油重 × B油脂的皂化價）＋……

我們以「山茶花榛果保溼皂」的配方（見P.126）為例，配方中包含榛果油250g、山茶花油210g、椰子油100g、棕櫚油140g，總油重為700g，其氫氧化鈉的配量計算如下：

（榛果油250g×0.1356）＋（山茶花油210g×0.1362）＋（椰子油100g×0.19）＋（棕櫚油140g×0.141）＝33.9＋28.602＋19＋19.74＝101.26g→四捨五入即為101g。

水分的計算方式

算出氫氧化鈉的用量之後，即可推算溶解氫氧化鈉所需的水量，也就是「水量＝氫氧化鈉的2.3倍」來計算。以上述例子來看，101g的氫氧化鈉，溶鹼時必須加入101g×2.3＝232.3g的水，為了方便計算，我們取整數232g即可。

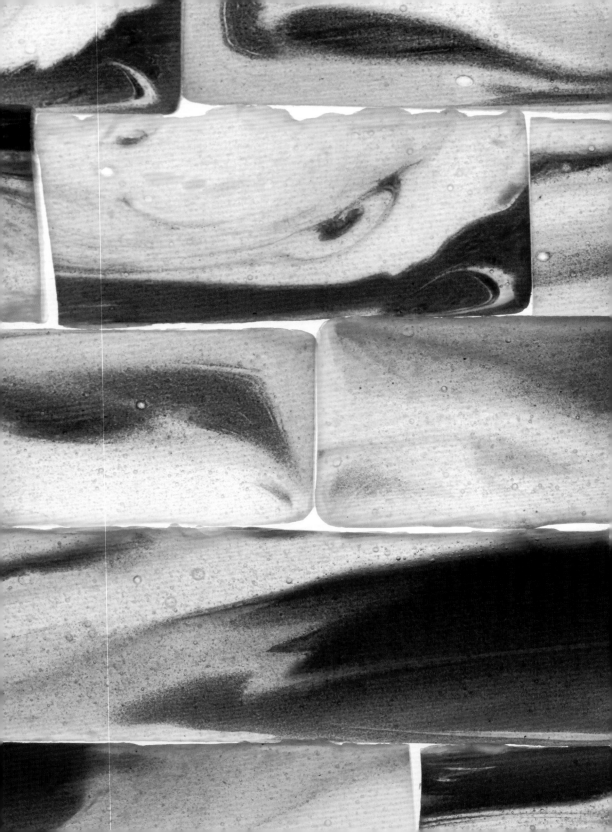

Lesson

3

30款超好洗的
天然手工皂

**不管是一種油、二種油、
三種油、四種油，
都能做出好洗的天然皂。**

單品油能享受單一油品帶來的純粹，
回歸到最初的洗感。多種油品的搭
配，能帶來更豐富的洗感。

ONE KIND OF OIL

單品油皂方
1 種油也好洗的單純皂

為了這一本充滿研究與實驗精神的書，娜娜媽試了大部分的油品，特別挑選出九款不易酸敗又好洗的單品油，做為單品油皂的測試。

「原來單品油皂這麼好洗」，許多人試洗過後都和我一樣發出不可思議的讚嘆，你也一定要親身體驗看看！

單品油實驗室

製作手工皂已進入到第十年，希望藉由這一本書與大家一起回到做皂的初衷。

透過單品油做皂的測試，讓大家可以更了解各種油品的特性，即使沒有專業的化工背景，或是對於脂肪酸不甚了解也沒關係，熟悉油品成皂後的特性，就可以清楚皂所呈現的泡沫大小、洗感等等，進而設計出適合個人需求的手工皂配方。

單品油也能做出好洗皂

以前都是藉由書中介紹去了解每一種油的特性，但總是會思考真的是這樣嗎？於是我開始進行大家都覺得有點不可思議的「實驗」。

單品油皂實驗一年多的期間，發現每一款單品油都有自己的「皂性」，非常有趣。像是「未精製澳洲胡桃油」和「未精製酪梨油」的皂化速度很快，大約只需25到35分鐘就可以達到trace的程度，但是這兩款油品需要皂化的時間較長，置於室溫或者是溫差大時，會不斷出現皂粉，所以單品皂切好後必需放在保麗龍箱裡保存，待皂化3～5天後再移出保麗龍箱，才不會需要一直修皂粉。

盲洗測試，發現單品油皂的祕密

為了發揮本書實驗與研究的概念，還進行了一個很有趣的「盲洗測試」，將做好的單品油皂，讓同學們在完全不知道配方的情況下進行試洗，洗後才公布配方，當大家洗後才發現原來是單品油所製作的皂時，都驚訝開心不已，沒想到原來單純的單品油皂竟然如此好洗，而且每一款都會帶來不同的感受，許多皂友更試著將單品油皂用於洗髮，也都驚訝它們作為髮皂的表現，帶來好沖洗、不黏膩的洗感，洗後髮絲不糾結。單品油的奧妙，我想對於新手或是做皂老手都是一個全新的體驗。

真心推薦大家可以將自己喜歡的油品打成單品皂，親身體驗過後，更可以知道如何搭配出個人喜歡的配方。如果第一次使用單品油配方，擔心會有適應問題，建議可以先少量試作，接下來的配方皆為減半用量，大家可視個人情況調整。

娜那那媽
小叮嚀

Point 1
打皂時間僅供參考

書中列出的單品油皂化時間僅供參考，
因為會隨著不同的油品來源，以及每個
人打皂的速度等等而影響，所以時間有
一點落差值是正常的喔！

Point 2
建議使用未精製油品

我喜歡使用未精製的油品，可以完整保
留住油脂本身的養分，也不會因為精製
過後，帶走了原有的風味。像是未精製
的酪梨油皂，清洗時會一直聞到酪梨油
的香味；使用未精製的澳洲胡桃油皂清
洗時，也會聞到很棒的堅果味！

Point 3
皂化完整，避免酸敗

建議想要嘗試打單品油皂的朋友們，每
一款單品油都要打到trace的程度，避免
皂化不完整，導致皂容易產生酸敗喔！

Point 4
減少水分，避免軟爛

單品油皂的水分以氫氧化鈉的2.2倍來計
算（一般皂為2.3倍），減少水分，讓皂
體更硬。

Point 5
起泡袋幫助起泡

使用時將單品油皂放入起泡袋中，並加
入多一點水搓洗，可幫助起泡。

Point 6
成皂三個月後再使用

單品油皂建議放置三個月後，讓皂體變
得更為堅硬再使用。

皂友試洗分享

原來單品油的世界是這麼簡單迷人，用
單一油品製成的皂，使用在頭髮、臉部
及身體全都是不一樣的感受，但都讓我
驚豔不已，不過100%的葡萄籽皂就不
要試了，打完馬上油耗的皂就放棄它
吧，畢竟還有很多很好的選擇呢！

這次使用單品油所製作的皂款，最讓我
驚喜的是使用在頭髮上的效果，一直以
為洗髮皂一定要使用篦麻油不可，但使

用單方皂之後讓我大大的改觀，不僅擁
有篦麻油髮皂的洗感，洗後柔順好梳
理，雖然有些單方皂在吹整頭髮後也會
有毛躁的情形，但通常隔天就會變得平
順，這讓有點自然捲、髮質較粗的我，
完全擺脫了難以整理的毛躁亂髮，真的
很棒，我已經迫不及待的想要試做了！

試洗皂友──芳枝

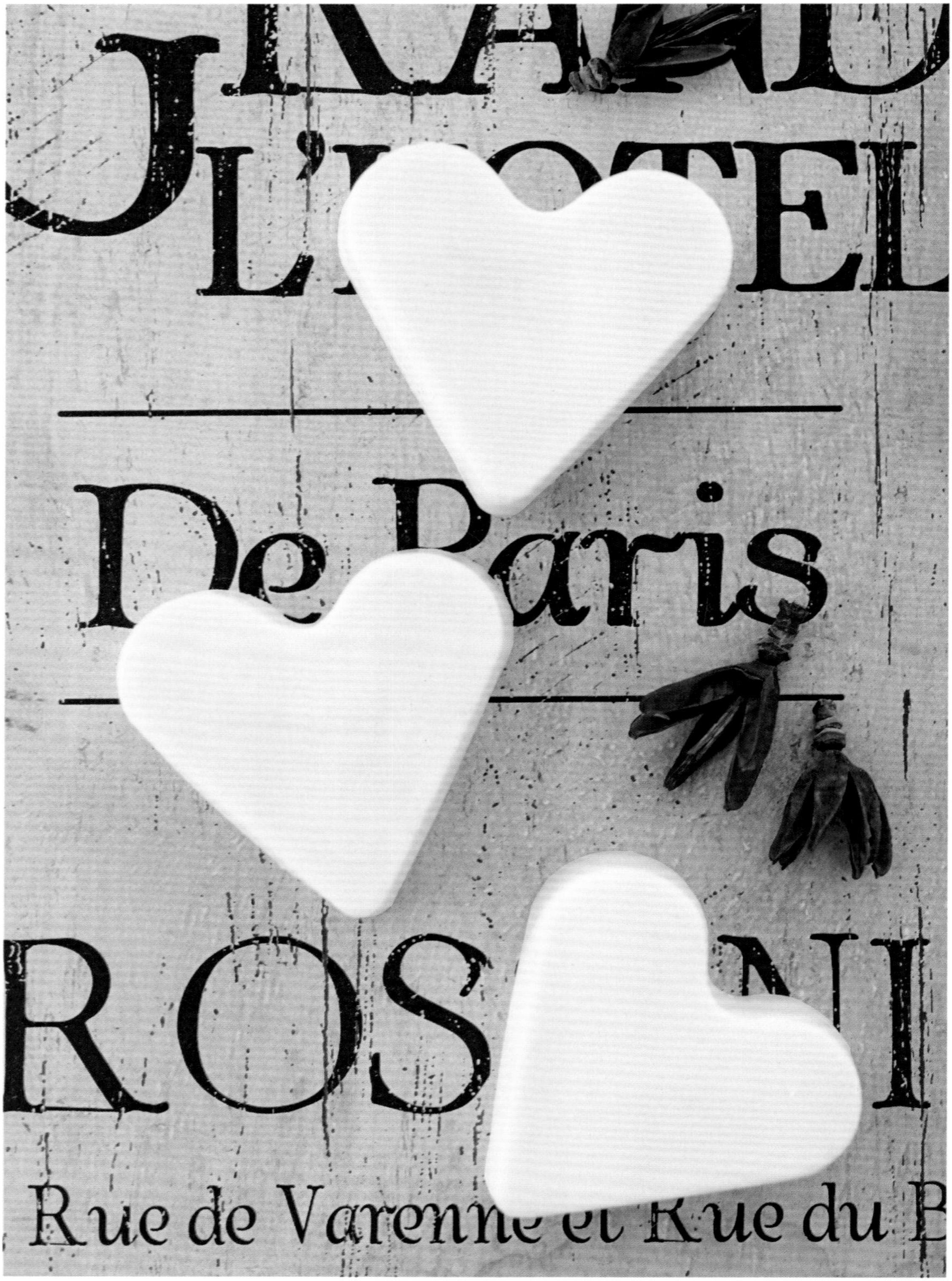
Rue de Varenne

杏桃核仁油皂

全身皆適用的全效性好皂

杏桃核仁油 Apricot Kernel Oil

私心推薦的第一名油品

杏桃核仁油又叫杏核油，是從杏子中間的果核榨取出來的油。含有頗高的單元不飽和脂肪酸（70%）及亞麻油酸（22%），對於乾燥、脆弱、成熟及敏感肌膚特別有幫助，非常適合嬰幼兒與老年人使用。油質細緻清爽，含有軟化滋養與恢復肌膚生氣的成分，可用於化妝品或芳療按摩產品做為基底油。

在手工皂中扮演的角色與甜杏仁油相似，但杏桃核仁油成皂後的穩定度比甜杏仁油好很多，成皂的硬度也比甜杏仁油硬很多，且不容易產生油耗，所以更深得我心。靠著成分中的亞麻油酸，能產生具有清爽、蓬鬆感覺的泡沫，帶來潔淨的洗感。

材料	
油脂	**精油**
杏桃核仁油 ……… 350g	Miaroma 野薑花環保
鹼液	香氛 ……… 7g（約140滴）
氫氧化鈉 ……… 47g	
純水冰塊 103g（2.2倍）	

打皂時間	4.5小時
INS 硬度	91
皂化價	0.135

* 如果覺得皂款硬度不夠時，可添加油品增加硬度，比例調整為：杏桃核仁油70%、棕櫚油30%。

作法

A
製冰

1 將103g的水製成冰塊備用；將油脂量好備用。

B
溶鹼

2 將冰塊放入不鏽鋼鍋中，再將氫氧化鈉分3～4次倒入（每次約間隔30秒），同時需快速攪拌，讓氫氧化鈉完全溶解。

3 用溫度計測量油脂與鹼液的溫度，二者皆在35℃以下，且溫差在10℃之內，即可混合。

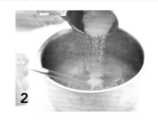

C
打皂

4 將油脂緩緩倒入鹼液中，前面半小時打均勻後可以稍作休息，再持續攪拌約4小時，直到皂液呈現微微的濃稠狀，試著在皂液表面畫8，若可看見字體痕跡，代表濃稠度已達標準。

5 加入精油攪拌300下。

D
入模

6 將皂液入模，入模後約24小時即可脫模，並以線刀切皂。

7 切好以後放回保麗龍箱2～3天，比較不會產生皂粉。

娜娜媽試洗報告
/////////////////////

非常令我驚豔的單品油皂，泡泡相當綿密，可以從頭洗到腳，就連用於洗髮也不會感到乾澀，是娜娜媽目前心中排名第一名的油品，請大家一定要試試看！

成皂質感細膩，能搓出蓬鬆清爽的泡泡，你很難想像完全沒有添加椰子油的皂，竟然可以產生如此豐盈的泡泡。具有很好的硬度，洗到最後皂體仍能呈現薄薄完整的片狀，而不會軟爛。

手打的時間大約需4.5小時，但成皂速度很快，約24小時後即可以進行切皂，建議使用線刀，避免將皂體切裂，或者使用單模，可避免切皂問題。

娜娜媽
小叮嚀

吃堅果或核果會過敏的人，請先在手臂內側進行試洗，不會產生過敏反應再大面積使用。

榛果油皂

擁有夢幻白皙皂體

榛果油 Hazelnut Oil

不酸敗、不出油的耐放油品

從榛果果實中榨成的油品，含有豐富的維他命與礦物質，以及相當高比例的油酸（79％），油質穩定性高、清爽細緻、具有很好的延展性與滲透力，可以輕易滲透入皮膚，當作按摩油或是基底油直接使用的評價都很好，也很適合添加在乳液、眼霜、護手霜、防曬油、護唇膏等產品中，具有很好的保養滋潤效果。

應用在手工皂時，使用100％的榛果油就能製作出洗感溫潤、香氣自然的皂款。除了以單品油製作外，也很適合與各種油品做搭配，提升皂的硬度。

材料

油脂

榛果油⋯⋯⋯⋯⋯350g

鹼液

氫氧化鈉⋯⋯⋯⋯⋯47g

純水冰塊⋯103g（2.2倍）

精油

Miaroma桂花吟⋯⋯7g

（約140滴）

打皂時間	約4～4.5小時
INS硬度	94
皂化價	0.1356

* 如果覺得皂款硬度不夠時，可添加油品增加硬度，比例調整為：榛果油70%、棕櫚油30%。

作法

A
製冰

1 將103g的水製成冰塊備用;將油脂量好備用。

B
溶鹼

2 將冰塊放入不鏽鋼鍋中,再將氫氧化鈉分3～4次倒入(每次約間隔30秒),同時需快速攪拌,讓氫氧化鈉完全溶解。

3 用溫度計測量油脂與鹼液的溫度,二者皆在35℃以下,且溫差在10℃之內,即可混合。

C
打皂

4 將油脂緩緩倒入鹼液中,前面半小時打均勻後可以稍作休息,再持續攪拌約4小時,直到皂液呈現微微的濃稠狀,試著在皂液表面畫8,若可看見字體痕跡,代表濃稠度已達標準。

5 加入精油攪拌300下。

D
入模

6 將皂液入模,入模後約24小時即可脫模,並以線刀切皂。

7 切好以後放回保麗龍箱2～3天,比較不會產生皂粉。

娜娜媽試洗報告

此款榛果油皂是以水製作而成，擁有許多皂友追求的夢幻白皙，皂體細緻、洗感滑順、泡沫也非常細膩，所以沖洗時需花較久的時間。

擁有極佳的起泡度，泡泡的續航力很好，用於洗臉也能感受到良好的保溼力。使用測量保溼度的機器測試，可發現其屬於高保溼的皂款。用於洗髮的起泡力也很棒，好沖洗、不易打結。

製作完成放置24小時後，皂體就會成型變硬，此時即可進行切皂，建議以線刀切皂，避免皂體碎裂。製作完成在沒有包膜的情況下可放置一年，也不會出現酸敗出油的現象，是一款穩定性高、耐放的油品。

吃堅果或核果會過敏的人，建議不要使用 100％ 的榛果皂，以免引發過敏。若想嘗試，請先在手臂內側進行試洗，不會產生過敏反應再大面積使用。

皂友試洗分享

純榛果油皂洗起來和橄欖皂一樣會有牽絲的情況，碰到水更容易溶化。洗後皮膚保溼佳，摸起來雖然不會有絲滑的觸感，但好像是使用了化妝水，會有清爽的感覺。原以為用於洗髮會不會過於油膩，試洗吹乾後摸起來軟軟的，不過到隔天頭髮就會很服貼了，細髮絲或頭皮較塌的人不適合使用。

皂友分享——芳枝

澳洲胡桃油乳皂

皂體偏硬、親膚性極佳的皂款

澳洲胡桃油 Macadamia nut Oil
最接近人體皮脂的植物油

澳洲胡桃油具有一般植物油罕見的高比例棕櫚油酸（20%以上），更顯其珍貴與獨特。而且它是植物油中，最接近人體皮脂組成的油品之一，具有很好的吸收力與滲透性，油質黏度低且穩定，非常適合添加於芳療或是化妝品中當成基底油，乾燥季節時更適合直接調成按摩油塗抹於肌膚上。

棕櫚油酸是幫助皮膚再生的重要角色，因此被認為具有改善膚質、延緩老化等效果。做為手工皂能帶來濃郁堅果香氣以及溫和不刺激的洗感。在手工皂的應用上，建議添加的比例約在5% ～ 100%，可搭配橄欖油一起使用，以提升橄欖油皂的硬度。

材料	
油脂	**精油**
未精緻澳洲胡桃油 350g	黑香草……7g（約140滴）
鹼液	**添加物**
氫氧化鈉……………… 49g	皂片………………適量
母乳冰塊‥108g（2.2倍）	

打皂時間	約35分鐘
INS硬度	119
皂化價	0.139

* 如果覺得皂款硬度不夠時，可添加油品增加硬度，比例調整為：澳洲胡桃油60%、椰子油20%、棕櫚油20%。

		作法

A
製冰

1 將108g的母乳製成冰塊備用；將油脂量好備用。

B
溶鹼

2 將冰塊放入不鏽鋼鍋中，再將氫氧化鈉分3～4次倒入（每次約間隔30秒），同時需快速攪拌，讓氫氧化鈉完全溶解。

3 用溫度計測量油脂與鹼液的溫度，二者皆在35℃以下，且溫差在10℃之內，即可混合。

C
打皂

4 將油脂緩緩倒入鹼液中，持續攪拌約30～35分鐘，直到皂液呈現微微的濃稠狀，試著在皂液表面畫8，若可看見字體痕跡，代表濃稠度已達標準。

5 加入精油攪拌300下。

D
入模

6 將皂液入模，並將皂片直立放入點綴。

E
脫模

7 入模後約24小時即可脫模，並以線刀切皂。

8 切好以後放回保麗龍箱3～7天，比較不會產生皂粉。

娜娜媽試洗報告

親膚性佳，能製造出有如乳霜般的綿密細緻泡沫。好沖洗，洗後不緊繃，能感覺為皮膚帶來柔潤。用於洗髮也同樣好沖洗，可以使用起泡袋幫助製造泡泡。洗感溫和、成皂偏硬，是值得推薦的單品油皂款。

澳洲胡桃油 trace 速度很快，很容易產生皂粉，切皂後一定要放回保麗龍箱 3～7 天，避免產生皂粉。

吃堅果或核果會過敏的人，請先在手臂內側進行試洗，不會產生過敏反應再大面積使用。

皂友試洗分享

澳洲胡桃油皂洗起來和橄欖皂一樣會有牽絲的情況，遇水之後就會開始變得透明溶化，親水性佳，用於洗臉，肌膚能感受到保溼柔滑；用於洗髮，吹乾後相當輕盈，不過隔天頭髮超服貼，髮量少的人不建議使用。

試洗皂友——芳枝

芝麻油乳皂
帶來溫潤保溼的洗感

芝麻油 Sesame Oil
芝麻油是天然的抗氧化劑

將黑芝麻榨成的油，除了是大家熟知的食物用油之外，在古埃及也常用來作為醫療、按摩的保養用油。阿嬤們也常用黑芝麻油來防蚊及護膚。

芝麻油富含鈣、鐵、維生素E與B1、不飽和脂肪酸等等，其中維生素E更高達40％以上，被稱為是「天然的抗氧化劑」，有助於抗老化，保溼力也不錯，能讓肌膚變得更為細緻柔滑。

芝麻油的香氣濃郁，如果不喜歡其味道，可以選擇精製過的芝麻油，味道會比未精製的淡，但是養分相對也比較少。

材料

油脂

黑芝麻油 ············ 350g

鹼液

氫氧化鈉 ············ 47g

母乳冰塊 103g（2.2倍）

精油

Miaroma綠壇 ········ 7g
（約140滴）

添加物

皂條 ·············· 適量

打皂時間 未精製油約需20～25分鐘trace

INS硬度 81

皂化價 0.133

* 如果覺得皂款硬度不夠時，可添加油品增加硬度，比例調整為：芝麻油60％、椰子油20％、棕櫚油20％。

作法

A
製冰

1 將103g的母乳製成冰塊備用;將油脂量好備用。

2 將黑色、白色的皂條切成細絲備用。

B
溶鹼

3 將冰塊放入不鏽鋼鍋中,再將氫氧化鈉分3～4次倒入(每次約間隔30秒),同時需快速攪拌,讓氫氧化鈉完全溶解。

4 用溫度計測量油脂與鹼液的溫度,二者皆在35℃以下,且溫差在10℃之內,即可混合。

C
打皂

5 將油脂緩緩倒入鹼液中,持續攪拌約20～25分鐘,直到皂液呈現微微的濃稠狀,試著在皂液表面畫8,若可看見字體痕跡,代表濃稠度已達標準。

6 加入精油攪拌300下。

D
入模

7 將皂液入模,約倒入至1/3的高度。

8 將黑色、白色的皂條隨意放入皂液中。 再將剩下的皂液倒入填滿。

E
脫模

9 入模後約24小時即可脫模,並以線刀切皂。

10 切好以後放回保麗龍箱2～3天,比較不會產生皂粉。

娜娜媽試洗報告

芝麻油是廚房隨手可得的油品，也可以做出洗感很棒的單品油皂喔！
娜娜媽個人也很喜歡純芝麻油皂的洗感，洗完臉會感到滑滑的，彷彿
有一層薄膜在幫你修護肌膚。

吃堅果或核果會過敏的人，請先在手臂內側
進行試洗，不會產生過敏反應再大面積使用。

皂友試洗分享

充滿芝麻的香氣，泡沫綿密、起泡度高、洗感滋潤且洗後不緊繃，是一塊會想馬上
再做的手工皂，令人愛不釋手。用它來洗頭髮，不僅沒有用手工皂洗髮會感到生澀
的缺點，反而頭髮馬上有滋潤、柔軟的感覺，在吹整頭髮時明顯呈現蓬鬆與光澤。

試洗皂友——Jill

皂體很像森永牛奶糖的顏色，略軟，沾水搓泡泡會牽絲，泡沫較少也不好推開，所
以放入皂袋使用。小女兒說：「這個肥皂為什麼像在森林裡喝咖啡？」嗯…媽媽解
讀了一下，她應該是想要形容這塊皂不但帶有草本芬多精的香氣，還有一股淡淡的
咖啡香吧！洗後肌膚感到柔嫩，小女兒還說摸起來滑滑的，逗得老媽我開心的咧
^^。拿來洗頭沒有什麼泡沫，所以搓揉了兩次又按摩了頭皮一次。洗後沒潤絲就
擦乾吹一吹，頭髮絲絲柔柔不打結，小女兒一直說我像剛做完森林浴出來。

試洗皂友——嘉瀅

米糠油皂

10分鐘立即完成的快速皂款

米糠油 Rice Bran Oil
經濟實惠的好用油品

米糠油是從米的胚芽所製作出來的油,也稱為「玄米油」。能平滑的流動且適度的滲透肌膚,不會有沾手黏膩的油質感,非常適合作為按摩油,也適合作為眼霜、嬰兒用品等等,是用於臉部、身體乳液中最溫和的油品之一。

米糠油含有豐富的天然維他命E、穀維素、植物固醇等不皂化物(不能與氫氧化鈉產生皂化反應的物質),因為這些不皂化物,讓它擁有獨特的保溼能力,帶來柔滑舒適的洗感。高比例使用時,皂體會較黃。起泡性不錯,適當的搭配其他油品,可以改善容易糊化、軟爛的缺點。

在手工皂的應用上,建議添加的比例為5% ～100%。油品價格便宜,是相當實惠又好用的皂款,也是娜娜媽常用的油品。

材料	
油脂	**添加物**
米糠油·········350g	皂條·········適量
鹼液	**精油**
氫氧化鈉·········45g	薔薇之戀·········7g
純水冰塊···99g(2.2倍)	(約140滴)

打皂時間	10分鐘
INS 硬度	70
皂化價	0.128

* 如果覺得皂款硬度不夠時,可添加油品增加硬度,比例調整為:米糠油60%、椰子油20%、棕櫚油20%。

		作法

A
製冰

1 將99g的水製成冰塊備用;將油脂量好備用。

B
溶鹼

2 將冰塊放入不鏽鋼鍋中,再將氫氧化鈉分3～4次倒入(每次約間隔30秒),同時需快速攪拌,讓氫氧化鈉完全溶解。

3 用溫度計測量油脂與鹼液的溫度,二者皆在35℃以下,且溫差在10℃之內,即可混合。

2

C
打皂

4 將油脂緩緩倒入鹼液中,TRACE速度快,大約攪拌10分鐘就會呈現濃稠狀,試著在皂液表面畫8,若可看見字體痕跡,代表濃稠度已達標準。

5 加入精油,攪拌300下。

4

5

D
入模

6 倒入一層皂液,再隨意放入一些皂條,再倒入一層皂液、放入皂條,將皂液填入模型中。

E
脫膜

7 入模後約24小時即可脫模,並以線刀切皂。

8 切好以後放回保麗龍箱2～3天,比較不會產生皂粉。

娜娜媽試洗報告

起泡量適中且泡泡的持續性不高，易沖洗。用於洗髮時，頭髮吹乾後柔順不毛躁，隔天依舊柔順；用於洗澡洗臉，肌膚感到滑順不緊繃，保溼性極佳，洗完後不擦任何保養品，肌膚隔天也能感到舒適平滑。

皂友試洗分享

手工皂珍貴之處，就是貴在用心，貴在純手工製作，貴在精選的油脂，貴在想給使用者最天然的呵護，讓使用者在沐浴時都能夠沉浸在大自然的懷抱之中。期待每一個人，都能夠體驗溫和滋潤、慢工出細活的手工皂。

試洗皂友——嘉瀅

未精製酪梨乳皂

皂友一致推薦的好洗皂款

未精製酪梨油 Unrefined Avocado Oil
油品呈現天然的綠色色澤

酪梨油是我習慣使用的油品之一，萃取分成整顆果實取油，或是僅用果肉取油。未精製的酪梨油呈現深綠色，保有天然的葉綠素色澤，在低溫下會產生明顯的冬化狀況（油品分層，部分變成固體）；而精製酪梨油經過脫色脫臭處理，呈現淺黃色。

▲酪梨油皂剛開始成皂時為較深的綠色，但隨著放置時間會慢慢褪色，為自然現象。

酪梨含有豐富的維他命A、D、E、卵磷脂等等，單元不飽和脂肪酸高，很適合用來製作手工皂，也是製作「低敏感手工皂」或是「嬰幼兒專用皂」的絕佳材料之一，另外，也很常用於改善乾性肌膚或是曬傷引起的問題等等。也有同學反應高比例的酪梨油可改善股疹，並減少肌膚搔癢。

在手工皂的應用上，建議添加的比例為5%～100%，有同學試過取代馬賽皂配方中的橄欖油，能讓皂體變得更硬、泡泡更豐盈，值得一試。

材料

油脂

未精緻酪梨油⋯⋯⋯350g

鹼液

氫氧化鈉⋯⋯⋯⋯⋯47g

母乳冰塊⋯103g（2.2g）

精油

Miaroma草本複方⋯7g
（約140滴）

打皂時間	25分鐘
INS硬度	99
皂化價	0.134

* 如果覺得皂款硬度不夠時，可添加油品增加硬度，比例調整為：酪梨油60%、棕櫚油40%。

作法

A
製冰

1 將103g的母乳製成冰塊備用；將油脂量好備用。

B
溶鹼

2 將冰塊放入不鏽鋼鍋中，再將氫氧化鈉分3～4次倒入（每次約間隔30秒），同時需快速攪拌，讓氫氧化鈉完全溶解。

3 用溫度計測量油脂與鹼液的溫度，二者皆在35℃以下，且溫差在10℃之內，即可混合。

C
打皂

4 將油脂緩緩倒入鹼液中，持續攪拌約25分鐘，直到皂液呈現微微的濃稠狀，試著在皂液表面畫8，若可看見字體痕跡，代表濃稠度已達標準。

5 將精油倒入皂液中，持續攪拌300下。

D
入模

6 將皂液入模，入模後約24小時即可脫模，並以線刀切皂。

7 切好以後放回保麗龍箱2～3天，比較不會產生皂粉。

娜那那媽
小叮嚀

吃堅果或核果會過敏的人，請先在手臂內側進行試洗，不會產生過敏反應再大面積使用。

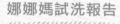

娜娜媽試洗報告

酪梨油皂在此次「盲洗測試」的票選中，可以說是名列好洗皂款的前三名，不管是洗臉、洗身體、洗頭髮的表現都讓人雀躍，尤其洗臉時，可以聞到酪梨油淡淡的香氣，讓人感受到油品的原始風貌。

起泡力佳、泡泡細緻，用於洗髮也能帶來豐盈不易消泡的泡泡感。洗後肌膚舒服不緊繃、保溼度佳。天然綠色色澤、中硬的皂體，更為「皂型」加分。

皂友試洗分享

以前都用洗面乳洗臉，試用酪梨油皂後，竟然第一次覺得有把臉洗乾淨的感覺，但是又不會讓人覺得肌膚緊繃不適，以前常聽人家說手工皂「很好洗」，原來是這種感覺啊！真的要自己試洗過後才知道是如此的舒服！

試洗皂友——小紫

酪梨油皂呈現淡淡的綠色，味道清香舒服。皂體堅硬，即使洗到最後變成薄薄的一片，都還不會軟爛。泡沫很多，但不算很綿密。我是油性肌膚，毛孔容易粗大出油，此款皂用於洗臉感到舒適不會有緊繃感，沒擦任何保養品就睡了，隔天起床臉上沒有泛油光。
我的頭皮同樣容易出油，用這款皂洗頭的起泡度還不錯，也滿好沖洗的，洗完沒有潤絲，直接擦乾用吹風機吹一吹，不太會打結，也很好梳理。我洗頭習慣洗兩次，一次洗汙垢，一次按摩頭皮，提供給大家參考。

試洗皂友——嘉瀅

開心果油皂

堪稱最溫柔呵護的乳霜皂

開心果油 Pistachio Oil

極受歡迎的潤膚護髮保養用油

開心果的營養豐富、氣味香濃，是相當受歡迎的堅果零食。開心果油是由開心果仁壓榨取得，含有大量的不飽和脂肪酸，是很好的潤膚油品，還具有防曬以及保護皮膚、頭髮的功效，是近年來很受歡迎的肌膚保養及護髮油品。

這一次試了單品油皂之後，才知道原來單純的開心果油皂這麼好洗，一定要推薦給大家。

材料

油脂

開心果油 ……………350g

鹼液

氫氧化鈉 ……………47g

純水冰塊 …103g（2.2倍）

精油

佛手柑精油 ……………7g

（約140滴）

添加物

皂塊 ……………適量

可可粉 ……………少許

打皂時間	2小時
INS 硬度	92
皂化價	0.1328

* 如果覺得皂款硬度不夠時，可添加油品增加硬度，比例調整為：開心果油80%、棕櫚油20%

作法

A
製冰

1 將103g的水製成冰塊備用;將油脂量好備用。

B
溶鹼

2 將冰塊放入不鏽鋼鍋中,再將氫氧化鈉分3～4次倒入(每次約間隔30秒),同時需快速攪拌,讓氫氧化鈉完全溶解。

3 用溫度計測量油脂與鹼液的溫度,二者皆在35℃以下,且溫差在10℃之內,即可混合。

C
打皂

4 將油脂緩緩倒入鹼液中,持續攪拌約2小時,直到皂液呈現微微的濃稠狀,試著在皂液表面畫8,若可看見字體痕跡,代表濃稠度已達標準。

5 將精油倒入皂液中,持續攪拌300下。

D
入模

6 將皂塊均勻的裹上可可粉,用濾網輕輕過篩,將多餘的可可粉去除。

7 將皂液倒入模型中,約八分滿即可,再將裹好可可粉的皂塊平均放入皂液中。

8 將剩餘的皂液倒入模型中。倒入時,一手拿著平放的刮刀,讓皂液倒於刮刀上,可避免皂液直接淋於皂塊上,導致皂塊下沉。

E
脫模

9 入模後約2～3天即可脫模,並以線刀切皂。

10 切好以後放回保麗龍箱2～3天,比較不會產生皂粉。

娜娜媽試洗報告

開心果油皂可帶來清爽和細緻的泡沫與洗感，皂體的溶解速度很快，堪稱為柔和的乳霜皂，可搭配起泡袋幫助起泡，洗後肌膚滑潤，敏感肌膚也適用，是一款值得推薦的好洗皂。也可以試著將水分減量為2倍，以增加皂的硬度。

吃堅果或核果會過敏的人，請先在手臂內側進行試洗，不會產生過敏反應再大面積使用。

皂友試洗分享

皂體硬實，沾水可輕易搓出泡泡，令人驚喜，還會拉絲耶，當然要用來洗貴妃澡囉！我屬於混合性膚質，夏天會因流汗偶有溼疹，冬天會因乾燥而乾癢。
將皂放入起泡袋，搓出的泡沫呈現像細緻的乳霜狀，全身打溼後，將乳液塗滿全身，喔！不是啦，是泡泡才對，因為它細滑的泡沫真的像保養乳呀！慢慢仔細的揉搓，真的好滑潤耶！沖水時又是一陣驚喜，很快就能沖淨，不會黏膩，洗後的肌膚有種被呵護的感覺，很讚喔！

試洗皂友——連淑芬

如果有一種味道可以療癒人心，又能讓人置身在夢幻與現實間，那肯定就是娜娜媽的手工皂了！這次收到娜娜媽的手工皂試用，開心又期待！因為常在fb上看到她出神入化的創作，猶如藝術品般的色彩及設計，讓人好想擁有這如此精緻的沐浴精品。這款開心果油皂，皂體有著濃厚的幾何圖形，細緻的泡沫，突顯了皂本身的細緻度。味道的呈現，猶如置身在一個粉彩花園裡沐浴般，相當天然舒適。

試洗皂友——作菜趣

一打開開心果油皂的包裝，就聞到核果的香氣。我屬於中性偏小油的膚質，搓洗這款皂，可以感受到細緻且綿密的泡泡，洗感滋潤溫柔，洗後有些微的澀感。

試洗皂友—— Joann Chang

"How far would you say that was?"
Qiu puckered his lips. "Oh . . . t

"Not bad. In fact, the nearest po
ters."
thousand three hundred and ten meter
land. A man could swim that distan
culty."

"Certainly."

"Soon, men may have to do precisel
Qiu could not conceal the extent of
. . . we're going to repossess by
underground assault o
Red China such eco
thing that's been going o
Who won the argument?
ishes honor on both sides.

"For the moment, the eco
lieved; it gives me a chance to
Shanwang."

"I see."

"We must take OFN very seriously
want to know how they managed to get
ogee, who's working for them in Ducannon
the strengths, but more than that, I want the wa
Got it?"

Krubykov pulled a microcassette recorder from
taché case and muttered notes into it. "But why?"
asked, as he switched
of his old
Formosa Now
racked with something
comes I can blow Our
w can become Our For-

"Why? So tha
machine.

"He kidnapped my so
"He held your son hos
freedom for himself and his
done exactly the same in his pla
"Perhaps I would. But he cau
that—" Qiu could have bitten his to
narrowed. "What?"
"Nothing. It's not important."
"Your welfare's very important."
Qiu shook his head, but the urge to confide was sud-
denly strong within him. "My wife's a little overprotec-
tive. That's all."
"I see." Sun continued to gaze at hi

ments longer. At last he said. "You
to Fujian Military Zone Com
gapore via Shanghai and
ments to Taipei will
And, Colonel ..."
"Yes?"
"I shall be inter
Simon Young reach

"That's all there is
enjoys having a plain
It's a very old female
grasp at her and not b
"Plain? Is that hov
Lin-chun gave him
he meant to insult.
said, as if defying hi
Khoo lowered his
said at last, "you pu
Shan. If I agree with
if I disagree, you w
firing. We shall jus
He stood up; and L
mouth smiled ruefull
Khoo busied him
pushing it nearly und
he was covertly stud
beautiful—the nose
cheeks, and her chin
she was attractive an

山茶花油皂

絕佳起泡力一定要體驗

山茶花油　Camellia Oil

愛美女性最喜歡的保養用油

將山茶花的種籽榨成的油。山茶花油含有豐富的蛋白質、維生素A、E等等，具有高抗氧化物質，擁有極佳保溼效果，在日本是十分普及的生活用油，常使用於化妝、藥用等等，可使用於全身肌膚，能在表皮形成一層薄薄的保護膜，鎖住肌膚的水分，防護紫外線與髒空氣對肌膚的損傷，可滋潤肌膚、預防皺紋等等，深受愛美女性喜愛。

用於頭髮也有很好的效果，潤髮護髮、修護受損髮質等等，是護髮產品中的夢幻成分，因此我們也可以拿來做洗髮皂，能帶來清爽的洗感，洗出彈性有光澤的好髮質，也是這一次單品油皂裡，娜娜媽很推薦的油款。

材料

油脂

山茶花油 ⋯⋯⋯⋯⋯ 350g

鹼液

氫氧化鈉 ⋯⋯⋯⋯⋯ 48g

純水冰塊 106g（2.2倍）

精油

Miaroma 櫻花 ⋯⋯⋯⋯ 7g

（約140滴）

添加物

皂片 ⋯⋯⋯⋯⋯⋯ 適量

打皂時間　3.5小時
INS硬度　108
皂化價　0.1362

* 如果覺得皂款硬度不夠時，可添加油品增加硬度，比例調整為：山茶花油80%、棕櫚油20%。

作法

A
製冰

1 將106g的水製成冰塊備用；將油脂量好備用。

B
溶鹼

2 將冰塊放入不鏽鋼鍋中，再將氫氧化鈉分3～4次倒入（每次約間隔30秒），同時需快速攪拌，讓氫氧化鈉完全溶解。

3 用溫度計測量油脂與鹼液的溫度，二者皆在35℃以下，且溫差在10℃之內，即可混合。

C
打皂

4 油脂緩緩倒入鹼液中，持續攪拌約3.5小時，直到皂液呈現微微的濃稠狀，試著在皂液表面畫8，若可看見字體痕跡，代表濃稠度已達標準。

5 將精油倒入皂液中，持續攪拌300下。

D
入模

6 利用多餘的皂塊刨成薄薄的皂片。

7 將皂液倒入模型中，約八分滿即可，再將皂片拉長平均的放入，將剩餘的皂液倒入填滿。

8 將皂片拉長，平鋪在皂液的表層。

E
脫模

9 入模後約24小時即可脫模，並以線刀切皂。

10 切好以後放回保麗龍箱2～3天，比較不會產生皂粉。

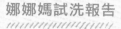

娜娜媽試洗報告

成皂的皂體很堅硬，擁有非常好的硬度，可以做出高品質的洗臉皂和洗髮皂。泡泡綿密好沖洗，可以搓出中型泡泡，洗完臉後能感受到肌膚的觸感變得滑順，保溼性佳；用於洗髮，也能擁有好沖洗不糾結的洗感。也可以在山茶花油裡加入0.5%的精油，來做為護髮油。

山茶花油皂能帶來好柔好細的泡泡，清爽保溼的洗感，成皂皂體堅硬，是娜娜媽大力推薦給大家一定要試試看的單品皂。

吃堅果或核果會過敏的人，請先在手臂內側進行試洗，不會產生過敏反應再大面積使用。

皂友試洗分享

山茶花油皂的泡泡相較其他皂款更為細緻，有點像是乳霜狀，洗臉的保溼性佳，洗髮吹乾後柔順好梳理。

在使用單方油皂款洗髮時，腦中就會浮現出一個問題，之前用洗髮皂洗頭時，頭髮擰乾後容易產生糾結，為什麼單方皂反而較柔順好梳理？或許答案就在書中，不過可以與大家分享我使用手工皂洗髮小建議，提供給遲遲不敢嘗試的朋友。

① 洗髮後先將頭髮上的水分吸乾，這很重要哦！吸乾的頭髮較不會糾結在一起。如果有時間可以先用一條吸水毛巾帶走大部分的水分，再換另一條吸水毛巾將頭髮包覆一會兒。

② 用吹風機吹整，從髮根或是髮尾開始都可以。吹整時我都是跟在理髮院一樣，頭在上的吹，有些人喜歡低著頭吹，如此會讓毛磷片張開，導致頭髮毛噪，所以建議盡量避免。

③ 吹至約八成乾時，用雙手撥開梳理髮絲，由上往下，這樣毛磷片會較閉合，可減少頭髮毛躁問題。

④ 將頭髮完全吹乾，這很重要，沒有吹至全乾髮絲還是會糾結喔！

試洗皂友──芳枝

紅棕櫚果油皂

獨具天然色澤的美麗皂款

紅棕櫚油 Red Palm oil

含有豐富 β-胡蘿蔔素的紅棕櫚油

棕櫚果油是用棕櫚樹的紅色果肉所榨出取得的紅色油品，即為紅棕櫚油；如再經過脫色精製，就成為白棕櫚油。紅棕櫚油最大的效用在於擁有白棕櫚油所沒有的「肌膚修復力」，可以改善肌膚粗糙，修復受傷的肌膚。

未經脫色精製的紅棕櫚油含有豐富的 β-胡蘿蔔素和維生素E，所以做成皂會有像紅蘿蔔的橘色漂亮色澤，還聞得到淡淡的果實味道喔！不過這個天然色澤會隨著時間而逐漸褪去，慢慢變成白色，可以用不透光的紙包裝，並擺放在乾燥通風處，以延長它的美麗顏色。

材料	
油脂	**精油**
紅棕櫚油⋯⋯⋯⋯350g	Miaroma清新精淬⋯7g
鹼液	（約140g）
氫氧化鈉⋯⋯⋯⋯49g	
純水冰塊⋯108g（2.2倍）	

打皂時間	5 ～ 10分鐘
INS硬度	145
皂化價	0.141

作法

A
製冰

1 將108g的水製成冰塊備用；將油脂量好備用，秋冬時，紅棕櫚油需先隔水加熱，使其成液態狀。

B
溶鹼

2 將冰塊放入不鏽鋼鍋中，再將氫氧化鈉分3～4次倒入（每次約間隔30秒），同時需快速攪拌，讓氫氧化鈉完全溶解。

3 用溫度計測量油脂與鹼液的溫度，二者皆在35℃以下，且溫差在10℃之內，即可混合。

C
打皂

4 將油脂緩緩倒入鹼液中，手打5～10分鐘就能達到trace，試著在皂液表面畫8，若可看見字體痕跡，代表濃稠度已達標準。

5 將精油倒入皂液中，持續攪拌300下。

D
入模

6 成皂很硬，建議用單模製作，避免切皂造成碎裂，或是成皂後，在24小時後以線刀切皂。

7 切好以後放回保麗龍箱2～3天，比較不會產生皂粉。

娜阿那媽小叮嚀 吃堅果或核果會過敏的人，請先在手臂內側進行試洗，不會產生過敏反應再大面積使用。

娜娜媽試洗報告

沒想到棕櫚油的起泡度還不錯，不只提供硬度，還提供蓬鬆的小泡泡，真的要試過才知道。洗後能感受到它帶來的潔淨感，覺得會過於乾澀的人，建議可以搭配其他油品一起製作。可能是因為紅棕櫚油的修護力很好的緣故，像我先生是屬於敏感性的膚質，使用100%紅棕皂也不會感到過於乾澀。

我請同學試洗體驗這塊皂的感覺，並要大家猜猜這是什麼皂，當答案揭曉後，大家都覺得不可思議。

100%的紅棕櫚油成皂是非常美麗的橘紅色，但隨著時間會慢慢褪色，皂表面還會出現白點般的圓點，此為正常的褪色的情況，而非酸敗，不用擔心。

▶ 放置一段時間後會因為逐漸褪色，而出現白色圓點。

皂友試洗分享

皂體外觀是陽光般的亮橘色，我用這塊皂來試洗頭髮。在搓揉頭髮時，可以聞到好像健康果實散發出來的陽光香味。舒爽的泡泡配上以指腹輕柔按摩，深度清潔頭皮油脂之外，也帶走毛囊裡累積的髒汙。

市售的洗髮精在吹乾後，頭髮容易很服貼、很柔順，但是在夏日裡大概半天就會感到頭皮發癢。用手工皂洗完頭後，頭髮不會非常柔順，但是吹乾後很蓬鬆，頭皮很乾爽，感覺每一根頭髮都在舒服的跳舞了，一整天也不會有頭皮很癢的感覺，真的很棒。

試洗時，以為這樣的手工皂包含多種油脂，才會如此滋養頭皮。後來才知道原來只有使用紅棕櫚油，就能達到如此的效果。讓手工皂回歸到單純又自然的狀態，深層洗淨頭髮，讓毛囊呼吸也可以這麼簡單。

試洗皂友——馬淑婷

TWO KINDS OF OIL

複合油品皂方
2 種油品的純粹搭配

這一個單元以兩種油品做為皂款的配方，再次證明簡單的油品也能做出好洗的皂，並改變大家以前作皂的思維：「一定要有椰子油才能產生泡泡嗎？」、「不用椰子油也能帶來起泡力和清潔度嗎？」、「不用棕櫚油，也能支撐肥皂的硬度嗎？」

書中的每一款皂都是娜娜媽試洗過，真心推薦給大家的好洗皂款。提醒對於吃堅果類會過敏的朋友，建議還是要先在手臂內側試洗，沒有不適感再大面積使用喔！兩種油品製作的皂款，建議放置三個月後，讓皂體更為堅硬再使用。

開心胡桃寶貝乳皂

給小 Baby 最細緻的呵護

這款皂以「開心果油」與「澳洲胡桃油」組合而成，
這兩種油的油質穩定、洗感細緻、低敏感的特性，
成為我常使用的油款。

澳洲胡桃油的特性接近皮膚的油脂，容易被人體吸
收，具有很好的抗老化及保溼的效果，搭配上保溼
度與起泡綿密度都很棒的開心果油共同入皂，洗起
來不會有軟爛感。高度滋潤、不易造成敏感，很適
合給老年人、嬰幼兒或是皮膚乾燥者使用。

材料

油脂

開心果油 ·············· 210g

澳洲胡桃油 ········· 490g

鹼液

氫氧化鈉 ·············· 96g

母乳冰塊 ·············· 221g

精油

桂花吟 ····· 7g（約140滴）

白柚精萃·7g（約140滴）

添加物

皂團、皂片 ·········· 適量

可可粉 ·············· 少許

打皂時間 4小時
INS 硬度 111

* 如果覺得皂款硬度不夠
時，可添加油品增加硬
度，比例調整為：開心果油
30%、澳洲胡桃油30%、
棕櫚油40%。

作法

A
製冰

1 將221g的母乳製成冰塊備用。

B
融油

2 將兩種油脂量好並混合。

C
溶鹼

3 將母乳冰塊放入不鏽鋼鍋中,再將氫氧化鈉分3～4次倒入(每次約間隔30秒),同時需快速攪拌,讓氫氧化鈉完全溶解。

4 用溫度計測量油脂與鹼液的溫度,二者皆在35℃以下,且溫差在10℃之內,即可混合。

D
打皂

5 將油脂緩緩倒入鹼液中,前面半小時打均勻後可以稍作休息,再持續攪拌約3.5小時,直到皂液呈現微微的濃稠狀,試著在皂液表面畫8,若可看見字體痕跡,代表濃稠度已達標準。

6 加入精油持續攪拌300下。

E
入模

7 將小皂團均勻的裹上可可粉，再以濾網輕輕過篩，除去多餘的可可粉。

8 將皂液倒入模型約一半的高度，再將皂片切成模型大小，輕輕平鋪在皂液上。

9 用刮刀輔助，將剩下的一半皂液緩緩倒入模型中。

10 將步驟7的皂團隨意的丟入皂液中。

F
脫模

11 大部分的手工皂隔天就會成型，不過油品不同會影響脫模的時間，建議放置約3～7天再進行脫模。若是水分較多或是梅雨季時，可以延後脫模時間。

12 以線刀切皂後，放入保麗龍箱2～3天，比較不容易產生皂粉。

娜娜媽 小叮嚀　吃堅果或核果會過敏的人，請先在手臂內側進行試洗，不會產生過敏反應再大面積使用。

甜杏仁榛果保溼皂

帶來輕盈蓬鬆的迷人泡泡感

甜杏仁油含有豐富的維生素A、B群、E、礦物質等等，還有很高比例的油酸，能帶來極佳的保溼力。甜杏仁油做出來的皂，能夠產生像乳液般的細緻泡泡，輕盈蓬鬆的泡沫真的非常迷人。

甜杏仁油搭配上榛果油可以增加皂的硬度，而且榛果油含有大量的油酸，油質也比其他油品來得穩定，起泡力也很好，更是加分。此款皂具有保溼效果，可改善乾燥或是敏感的問題肌膚。也可改用母乳或牛乳製作，可以帶來更豐富潤澤的洗感喔！

材料

油脂

甜杏仁油 ……………140g

榛果油 ………………560g

鹼液

氫氧化鈉 ……………95g

純水冰塊 ……………219g

精油

月光素馨14g（約280滴）

打皂時間　4小時
INS硬度　95

* 如果覺得皂款硬度不夠時，可添加油品增加硬度，比例調整為：甜杏仁油30%、榛果油30%、棕櫚油40%。

作法

A
製冰

1 將219g的水製成冰塊備用。

B
融油

2 將兩種油脂量好並混合。

C
溶鹼

3 將冰塊放入不鏽鋼鍋中，再將氫氧化鈉分3～4次倒入（每次約間隔30秒），同時需快速攪拌，讓氫氧化鈉完全溶解。

4 用溫度計測量油脂與鹼液的溫度，二者皆在35℃以下，且溫差在10℃之內，即可混合。

D
打皂

5 將油脂緩緩倒入鹼液中，前面半小時打均勻後可以稍作休息，再持續攪拌約3.5小時，直到皂液呈現微微的濃稠狀，試著在皂液表面畫8，若可看見字體痕跡，代表濃稠度已達標準。

6 加入精油，再攪拌300下。

E
入模

7 將皂液入模，大部分的手工皂隔天就會成型，不過油品不同會影響脫模的時間，建議放置約1～3天再進行脫模。若是水分較多或是梅雨季時，可以延後脫模時間。

8 以線刀切皂後，放入保麗龍箱2～3天，比較不容易產生皂粉。

娜娜媽小叮嚀

吃堅果或核果會過敏的人，請先在手臂內側進行試洗，不會產生過敏反應再大面積使用。

酪梨杏核全效皂

潔淨全身的 All In One 全效皂

你相信這一款皂的INS硬度只有94嗎？而且在沒有椰子油和蓖麻油支撐硬度的情況下，竟然還能帶來這麼多細緻泡泡，好令人驚喜啊！

利用杏桃核仁油的清爽保溼及提供硬度的特性，搭配上具有豐富泡泡的酪梨油，帶來超優質的洗感。洗臉不乾澀、洗髮也不糾結，大推這一款 all in one 的全效皂，一塊就能洗淨全身，外出旅遊只要一塊就能搞定，實在太方便了！這一款適合從頭洗到腳也不會軟爛的好皂，趕快來試試看吧！

也可改用母乳或牛乳製作，可以讓皂體顏色更具定色效果喔！

材料

油脂
杏桃核仁油 ……… 420g
酪梨油 ……… 280g

鹼液
氫氧化鈉 ……… 94g
純水冰塊 ……… 216g

精油
馬鞭草花園 ……… 10g
（約200滴）
薄荷 ……… 4g（約80滴）

打皂時間　約35分鐘
INS硬度　94

* 如果覺得皂款硬度不夠時，可添加油品增加硬度，比例調整為：杏桃核仁油40%、酪梨油40%、棕櫚油20%。

作法

A 製冰

1 將216g的水製成冰塊備用。

B 融油

2 將兩種油脂量好並混合。

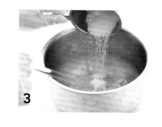

C
溶鹼

3 將冰塊放入不鏽鋼鍋中，再將氫氧化鈉分
3 ～ 4 次倒入（每次約間隔30秒），同時
需快速攪拌，讓氫氧化鈉完全溶解。

4 用溫度計測量油脂與鹼液的溫度，二者皆
在 35℃ 以下，且溫差在 10℃ 之內，即可
混合。

3

D
打皂

5 將油脂緩緩倒入鹼液中，持續攪拌約30 ～ 35分鐘，直到皂液呈現微微的
濃稠狀，試著在皂液表面畫8，若可看見字體痕跡，代表濃稠度已達標準。

6 加入精油，再攪拌300下。

E
入模

7 將皂液入模，大部分的手工皂隔天就會成型，不過油品不同會影響脫
模的時間，建議放置約1 ～ 3天再進行脫模。若是水分較多或是梅雨
季時，可以延後脫模時間。

8 以線刀切皂後，放入保麗龍箱2 ～ 3天，比較不容易產生皂粉。

吃堅果或核果會過敏的人，請先在手臂內側進行試洗，
不會產生過敏反應再大面積使用。

皂友試洗分享

收到娜娜媽的試用皂，到洗澡時間就迫不急待的拿出來使用。娜娜媽
有特別交待這一款皂要從頭洗到腳體驗，我真的照做了。開始洗頭，
先將頭髮打濕，接著在頭髮上搓出泡泡，天啊！起泡度真不是蓋的，
手上充滿了好多泡沫，洗感很舒服、好沖洗，才剛洗就好想立刻衝出
浴室問娜娜媽，這是什麼配方啊？真是太讚了！接著洗臉，發現泡泡
變細，洗後臉很保溼，一點也不緊繃；最後用來洗身體，一直聞到淡淡
的香味，真令人放鬆，結論就是：我已經愛上這款皂了。

皂友分享——季芸

杏核乳油木保溼皂

各種膚質皆適用的滋潤皂款

乳油木果脂也是娜娜媽常入皂的油品之一，具有修護、保溼的雙重作用。100%的乳油木成皂非常堅硬，一切就裂，所以搭配保溼度高的杏桃核仁油，加以平衡。

杏桃核仁油適合各種膚質，特別容易被肌膚吸收，具滋潤效果、改善敏感性肌膚。杏桃核仁油在促進肌膚代謝的同時，也能鎖住水分，即使是容易脫屑搔癢的乾性肌膚也適用。

這一款皂不但耐洗又保溼，不喜歡皂體過於軟爛的朋友，一定要試試看，保證不會讓你失望。

材料

油脂

杏桃核仁油 ……… 490g

乳油木果脂 ……… 210g

鹼液

氫氧化鈉 ……… 93g

純水冰塊 ……… 214g

精油

山雞椒 …… 5g（約100滴）

白柚精粹 · 9g（約180滴）

打皂時間 約1.5小時

INS硬度 99

＊ 如果覺得皂款硬度不夠時，可添加油品增加硬度，比例調整為：杏桃核仁油30%、乳油木果脂30%、棕櫚油40%。

作法

A 製冰

1 將214g的水製成冰塊備用。

B 融油

2 將兩種油脂量好並混合。乳油木果脂需先隔水加熱後，再與杏桃核仁油混合。

C 溶鹼

3 將冰塊放入不鏽鋼鍋中，再將氫氧化鈉分3～4次倒入（每次約間隔30秒），同時需快速攪拌，讓氫氧化鈉完全溶解。

4 用溫度計測量油脂與鹼液的溫度，二者皆在35℃以下，且溫差在10℃之內，即可混合。

D 打皂

5 將油脂緩緩倒入鹼液中，前面半小時打均勻後可以稍作休息，再持續攪拌約1小時，直到皂液呈現微微的濃稠狀，試著在皂液表面畫8，若可看見字體痕跡，代表濃稠度已達標準。

6 加入精油，再攪拌300下。

E 入模

7 將皂液入模，部分的手工皂隔天就會成型，不過油品不同會影響脫模的時間，建議放置約1～3天再進行脫模。若是水分較多或是梅雨季時，可以延後脫模時間。

8 以線刀切皂後，放入保麗龍箱2～3天，比較不容易產生皂粉。

娜好那媽
小叮嚀

吃堅果或核果會過敏的人，請先在手臂內側進行試洗，不會產生過敏反應再大面積使用。

杏桃榛果洗顏皂

改善問題肌的洗臉好皂

杏核核仁油含有大量油酸，具有極佳的保養滋潤效果，還有豐富的維生素、礦物質，可以改善斑點、膚色暗沉、蠟黃、敏感性膚質等等，是我常用的洗臉皂用油。

榛果油具有美白保溼的效果，很適合做出洗感極佳的洗臉皂。配方搭配起泡度很好的杏桃核仁油更加分。榛果油也是網友票選最受歡迎的做皂油品之一。

此款皂用來做為髮皂也很棒喔！洗髮不糾結，好沖洗，吹乾後髮絲柔順，非常推薦。

材料

油脂

杏桃核仁油 ·········· 350g

榛果油 ················ 350g

鹼液

氫氧化鈉 ·············· 95g

純水冰塊 ············· 219g

精油

晚香玉 ······················ 7g
（約140滴）

薰衣草 ····· 7g（約140滴）

添加物

茜草粉 ····················· 3g

深粉紅石泥粉 ··········· 1g

打皂時間 2.5小時
INS硬度 93

* 如果覺得皂款硬度不夠時，可添加油品增加硬度，比例調整為：杏桃核仁油 30%、榛果油 30%、棕櫚油 40%。

作法

A
製冰

1 將219g的水製成冰塊備用。

B
融油

2 將兩種油脂量好並混合。

C
溶鹼

3 將冰塊放入不鏽鋼鍋中，再將氫氧化鈉分3～4次倒入（每次約間隔30秒），同時需快速攪拌，讓氫氧化鈉完全溶解。

4 用溫度計測量油脂與鹼液的溫度，二者皆在35℃以下，且溫差在10℃之內，即可混合。

D
打皂

5 將油脂緩緩倒入鹼液中，前面半小時攪拌均勻後可以稍作休息，再持續攪拌約2小時，直到皂液呈現微微的濃稠狀(但不用像畫8那麼稠，以免無法做渲染)。

6 加入精油，再攪拌300下。

E
入模

7 將1000g的白色皂液平均分成900g和100g，先將900g皂液倒入模型中。

8 將100g的皂液分成二等分，分別加入過篩後的的茜草粉、深粉紅石泥粉攪拌均勻。

9 先倒入深色的皂液，再在同樣的位置上倒入淺色皂液；交換倒入順序，換先倒入淺色皂液，再在同樣位置上倒入深色皂液。

10 用竹籤從中間勾勒出一條帶有一點弧度的線條，就可以製造出像是愛心的形狀。

F
脫模

11 大部分的手工皂隔天就會成型，不過油品不同會影響脫模的時間，建議放置約1～3天再進行脫模。若是水分較多或是梅雨季時，可以延後脫模時間。

12 脫模後以線刀切皂，切好以後放入保麗龍箱2～3天，比較不容易產生皂粉。

娜那那媽
小叮嚀

吃堅果或核果會過敏的人，請先在手臂內側進行試洗，不會產生過敏反應再大面積使用。

THREE KINDS OF OIL

複合油品皂方
3 種油品的經典搭配

此單元是以三種油品做為配方設計，可達到更為全面性的效果。

如果肌膚較為敏感的人，或是容易有脫皮、乾燥等問題的肌膚，透過更多油品的搭配，可降低單一油品的刺激性或不適應性，並達到更想要的改善效果。

玫瑰橄欖榛果乳皂

為乾燥肌帶來光滑柔嫩的洗感

常做皂的朋友，相信對於橄欖油已經非常熟悉了，娜娜媽通常會選擇初榨（Extra Virgin）橄欖油來製作。橄欖油含有大量的油酸，入皂後能帶來光滑柔嫩的洗感，具有溫和的洗淨力，卻不會過度帶走肌膚油脂。

橄欖油含有天然維生素E、多酚、葉綠素等等，能維護肌膚的緊緻與彈性，具有抗老的效果。製作而成的手工皂能帶來滋潤感，洗後彷彿會為肌膚帶來一層保護膜，適合乾燥肌使用。

橄欖皂的泡沫柔細但是泡泡量不多，所以搭配上起泡度不錯的榛果油為洗感加分。榛果油含有高量的棕櫚油酸，滲透力佳，易被肌膚吸收，並帶來溫潤的洗感。

材料

油脂

橄欖油……………315g

榛果油……………315g

椰子油………………70g

鹼液

氫氧化鈉……………98g

母乳冰塊……………225g

精油

月季玫瑰14g（約280滴）

添加物

深粉紅石泥粉………少許

茜草粉………………2匙

打皂時間 2.5小時
INS 硬度 117

* 若想要提高硬度，可以減少榛果油的用量，加入20％的棕櫚油。

作法

A
製冰

1 將225g的母乳製成母乳冰塊備用。

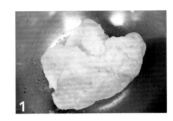

B
融油

2 將所有油脂量好並混合。秋冬時,椰子油需先隔水加熱後,再與其他液態油脂混合。

C
溶鹼

3 將母乳冰塊放入不鏽鋼鍋中,再將氫氧化鈉分3～4次倒入(每次約間隔30秒),同時需快速攪拌,讓氫氧化鈉完全溶解。

4 用溫度計測量油脂與鹼液的溫度,二者皆在35℃以下,且溫差在10℃之內,即可混合。

D
打皂

5 將油脂緩緩倒入鹼液中,持續攪拌約2.5小時,直到皂液呈現微微的濃稠狀(light trace的程度,畫8有輕微且不會消失的痕跡即可)。

6 加入精油,再攪拌300下。

7 取出70g的皂液加入少許的深粉紅石泥粉,其他皂液加入2匙的茜草粉拌均勻。

E
入模

8 先將深粉紅石泥粉皂液倒入玫瑰花苞模型中，再將茜草粉皂液倒入模型中。

F
脫模

9 大部分的手工皂隔天就會成型，不過油品不同會影響脫模的時間，建議放置約 3 ～ 7 天再進行脫模。若是水分較多或是梅雨季時，可以延後脫模時間。

> TIPS 橄欖油量越多時，皂化時間越長，成型速度較慢，所以放置時間要更久一點才可脫模。

10 脫模後以線刀切皂，切好以後放入保麗龍箱 2 ～ 3 天，比較不容易產生皂粉。

皂友試洗分享

玫瑰造型，帶著淡淡清新的花香調。用澡巾搓揉很快就能得到輕盈細緻的泡沫。皂液泡泡帶給皮膚溫和柔潤的洗感，實際上卻同時擁有相當到位的皮脂去除力。沐浴後，皮膚上留有像羽毛般輕輕柔柔的包覆感，這樣的感覺在水分擦乾之後不久即消失。沐浴後濕疹乾燥部位會微微感到乾燥而刺痛。

用在清洗臉部時，皂液泡泡的觸感像是用潤澤營養的精華液推在臉上，一開始有種非常呵護柔和的感覺。鼻翼毛孔在沖水之後相當潔淨，像是剛敷完海泥，皮膚表面帶著細微輕柔的包覆感，細緻的、柔潤的，還帶有幾分保水的膚觸。但是此時皮膚所呈現的持水力非常短暫，大約幾分鐘後，臉頰和額頭開始有微微的緊繃感出現。

即便如此，就整體來說這款皂的表現在各方面都算是很平衡；有潤澤感、卻不會過度滋潤，洗感柔和、卻不失清潔力。毛孔皮脂經皂液泡泡推過，即感到非常潔淨。

皂友分享——雅玲

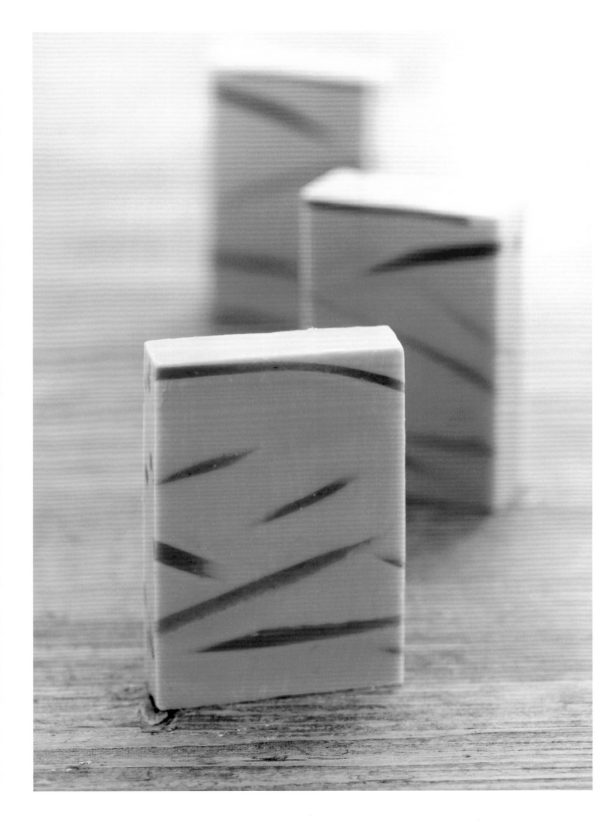

杏桃米糠保溼皂

清新自然的保溼皂款

這款皂結合了三種很棒的油品：杏桃核仁油、酪梨油、米糠油。以杏桃核仁油為第一主角，利用它含有很高的油酸及亞麻仁油酸的特性，增加肌膚的吸收度，並帶來很好的保溼效果，適用於乾性與敏感性肌膚。

再搭配上擁有良好起泡度的米糠油，帶來清爽柔滑的洗感，以及溫和的酪梨油，提供更為細緻的泡沫與洗感，將三款我很喜歡的油品搭配調和下，製作出清新自然的皂款。

這一款皂用於洗髮也很棒，不打結、好梳理，髮絲輕盈。若想要讓天然的綠色色澤維持更久，可改以母乳、牛乳或羊乳入皂喔！

材料

油脂

杏桃核仁油 ·········· 420g

酪梨油 ·············· 210g

米糠油 ·············· 70g

鹼液

氫氧化鈉 ············ 94g

純水冰塊 ············ 216g

精油

東方岩蘭 ············ 10g

（約200滴）

添加物

皂條 ·············· 適量

打皂時間 4.5小時

INS硬度 91

＊ 若想要提高硬度，可以減少杏桃核仁油的用量，加入20%的棕櫚油。

作法

A
製冰

1 將216g的水製成冰塊備用。

2 將紅色、綠色皂條切成細絲備用。

B
融油

3 將所有油脂量好並混合。

C
溶鹼

4 將冰塊放入不鏽鋼鍋中,再將氫氧化鈉分3～4次倒入(每次約間隔30秒),同時需快速攪拌,讓氫氧化鈉完全溶解。

5 用溫度計測量油脂與鹼液的溫度,二者皆在35℃以下,且溫差在10℃之內,即可混合。

D
打皂

6 將油脂緩緩倒入鹼液中,持續攪拌約4.5小時,直到皂液呈現微微的濃稠狀,試著在皂液表面畫8,若可看見字體痕跡,代表濃稠度已達標準。

7 加入精油,再攪拌300下。

E
入模

8 將皂液入模,約倒入至1/3的高度。

9 將紅色、綠色皂條交錯的擺放入皂液中。

10 將皂液倒入填至八分滿。倒入時,一手拿著平放的刮刀,讓皂液倒於刮刀上,可避免皂液直接淋於皂條上,導致皂條下沉。

8

9

10

E
入模

11 再將紅色、綠色皂條交錯的擺放入皂液中。

12 將剩下的皂液全部倒入模型中填滿。

F
脫模

13 大部分的手工皂隔天就會成型，不過油品不同會影響脫模的時間，建議放置約 1 ～ 3 天再進行脫模。若是水分較多或是梅雨季時，可以延後脫模時間。

14 脫模後以線刀切皂，切好以後放入保麗龍箱 2 ～ 3 天，比較不容易產生皂粉。

皂友試洗分享

我試洗新的皂款時，一定會拿來洗臉，因為最能感受皂的細緻與否。試用這塊綠色皂之前，先聞一聞香味，淡淡雅雅的氣味非常高雅，沒有使用皂袋，直接沾溼皂體與雙手，摩擦幾下就出現濃濃白白、量很多的細緻小泡泡，泡泡很濃，我停留十幾秒，雙手有種好像被面膜精華液包覆的感覺。

我的臉為中油混合肌膚，T字部位有點油的我有點小擔心，所以先從T字部位先洗，慢慢的將泡泡帶到全臉，泡泡這時都消失了，再用清水洗淨泡泡，雙手微微澀澀的，但非清潔力太高的乾澀感，比較像高乳油或高酪梨油的微澀感，微微帶過薄薄的乳液後，一邊留下感想，一邊摸著雙頰，感受清潔過後的保溼感。

皂友分享——鐘水餃

肥皂是淡淡的綠色，在洗澡時泡泡呈中量，沖洗後肌膚不緊繃，留下的香味，像是雨水沖洗後的青草味，一整天都感覺很清新，很適合在夏天使用，流汗的油膩感都洗淨了。

皂友分享——馬淑婷

低敏感榛果牛奶皂

溫和保濕的修護皂款

榛果油含有豐富的油酸,可防止肌膚老化,對敏感的肌膚更加分,起泡力及保溼力也都相當不錯。澳洲胡桃油保溼效果良好,能夠延緩肌膚及細胞的老化,搭配榛果油有加分的作用。此皂款以牛乳入皂,可增加皂的細緻洗感。

芝麻油的油質穩定、保溼度好、起泡力佳又溫和。芝麻油裡的抗氧化也備受推崇,在阿媽的年代也是保養級的好油品,含有豐富的必需脂肪酸及天然的維他命 E 與芝麻素,具有非常優異的抗氧化與抗自由基的效果,非常適合用於護膚保養上。

材料

油脂

榛果油·················350g
澳洲胡桃油··········245g
芝麻油·················105g

鹼液

氫氧化鈉·············95g
牛乳冰塊·············219g

精油

馬鞭草花園···········10g
(約200滴)

添加物

捲捲皂·················4塊量

打皂時間 50分鐘
INS 硬度 101

* 若想要提高硬度,可以減少榛果油的用量,加入20%的棕櫚油。

作法

A
製冰

1 將219g的牛乳製成冰塊備用。

B
融油

2 將所有油脂量好並混合。

C
溶鹼

3 將牛乳冰塊放入不鏽鋼鍋中，再將氫氧化鈉分3～4次倒入（每次約間隔30秒），同時需快速攪拌，讓氫氧化鈉完全溶解。

4 用溫度計測量油脂與鹼液的溫度，二者皆在35℃以下，且溫差在10℃之內，即可混合。

D
打皂

5 將油脂緩緩倒入鹼液中，持續攪拌約50分鐘，直到皂液呈現微微的濃稠狀，試著在皂液表面畫8，若可看見字體痕跡，代表濃稠度已達標準。

6 加入精油繼續攪拌300下。

E
入模

7 將皂液入模，約倒入至1/3的高度。

8 將捲捲皂擺放入皂液中。

9 將皂液倒入填滿。倒入時，一手拿著平放的刮刀，讓皂液倒於刮刀上，可避免皂液直接淋於皂塊上，導致下沉。

F 脫模

10將皂液入模，入模後約 1 ～ 3 天即可脫模，並以線刀切皂。等皂體較乾燥時可用刨刀修飾表面，讓捲捲皂的線條更加明顯。捲捲皂切的方向不同，所呈現的線條也不一樣，很有趣喔！

▲先縱切兩刀成三等份

▲再橫切三刀

娜娜媽試洗報告

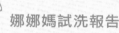

好喜歡這一款皂所帶來滋潤的洗感，洗完後肌膚感到滑潤，良好的保溼性也很適合乾性肌膚及小 Baby 使用喔！建議大家一定要試一試這一款皂，即使沒有加入皂條或皂塊裝飾，也能做出高質感的溫潤素皂。也可以用起泡袋來幫助起泡喔！

皂友試洗分享

我的膚質是中性成熟肌，容易過敏，目前手腳有輕微的濕疹（吃中藥治療中），試洗此款皂沒有過敏反應，濕疹患處洗後也沒有不適的感覺。清潔起泡時就隱約聞到淡淡的檸檬味，感覺很清新，後味聞了也很舒服，洗後感覺清爽，臉部有一點乾，但不會緊繃。

皂友分享—— Mary Yao

乳油木寶貝乳皂

給肌膚最溫柔細緻的呵護

乳油木果脂含有50%的脂質，據說在西非，好幾世紀以來都是用乳油木果脂來保養肌膚，其中成分裡的三帖稀醇，能鎖住肌膚中的水分，帶來柔潤光滑，也有幫助傷口癒合、改善肌膚老化的作用，很適合作為寶貝皂或是敏感肌膚使用的皂款。

娜娜媽的每一本書裡都有乳油木果脂的蹤影，就知道我有多愛它了！這一款皂以乳油木為主油品成分，搭配上杏桃核仁油的起泡力，讓這一款皂更具保溼力。

配方中含有高比例的乳油木果脂時，油溫不能過高，建議控制在35℃以內，避免皂化速度過快，來不及入模。

材料

油脂

乳油木果脂 ·········490g

椰子油·········105g

杏桃核仁油 ·········105g

鹼液

氫氧化鈉 ·········97g

母乳冰塊 ·········223g

精油

真正薰衣草精油······14g

（約280滴）

打皂時間 20分鐘
INS硬度 134

若想要提高硬度，可以減少乳油木果脂的用量，加入20%的棕櫚油。

作法

A
製冰

1 將223g的母乳製成母乳冰塊備用。

B
融油

2 將所有油脂量好，先將乳油木果脂隔水加熱融解後，再加入其他軟油充分混合。秋冬時，椰子油也需先隔水加熱後再混合。

C
溶鹼

3 將冰塊放入不鏽鋼鍋中，再將氫氧化鈉分3～4次倒入（每次約間隔30秒），同時需快速攪拌，讓氫氧化鈉完全溶解。

4 用溫度計測量油脂與鹼液的溫度，二者皆在35℃以下，且溫差在10℃之內，即可混合。

D
打皂

5 將油脂緩緩倒入鹼液中，持續攪拌約20分鐘，直到皂液呈現微微的濃稠狀（light trace的程度，畫8有輕微且不會消失的痕跡即可）。

6 加入精油，攪拌300下。

E
入模

7 在皂模中鋪上一層花紋矽膠墊,再將皂液倒入。

TIPS 娜娜媽做的皂型為一邊帶有弧型,一邊為直角;若想要呈現四邊都為圓弧形時,花紋矽膠需切裁更大片,倒入皂液後讓矽膠墊可完全包覆住表面。

F
脫模

8 入模後約24小時即可脫模,並以線刀切皂。

9 切好以後放回保麗龍箱2～3天,比較不會產生皂粉。

娜娜媽試洗報告

此款皂也很適合敏感性肌膚或小Baby使用。乳油木果脂的滋潤效果和修護性,以及柔細的泡泡等各項優點,讓人不由得想大力推薦。

100%乳油木果脂的洗感也很優,不過建議製作時以單膜入皂,以免不小心錯過切皂時間,一切就裂喔!

皂友試洗分享

我是混合性肌膚,乾性髮質(染髮),此款皂散發淡淡的香味,泡泡很細緻,整體而言,洗後乾淨不黏膩,也不會使皮膚緊繃。鼻子兩側較易出油,清洗一次就能將油脂帶走,不會有油感;用於洗髮的出油度中等,大約隔天才會覺得有出油。

皂友分享──張曉微

酪梨米糠紅棕皂

完美天然色澤的分層皂

紅棕櫚果油含有豐富天然的 β-胡蘿蔔素和維生素E，可改善修復傷口或粗糙的肌膚，可代替棕櫚油使用，比例越高TRACE速度越快、顏色越深，成品的硬度也很高。搭配酪梨油良好的起泡力，以及米糠油的保溼性，製作成這一款耐用保溼的皂款。

此款是利用皂快速TRACE的特性來做分層皂，但必須分兩鍋製作，可先將鹼液都溶好備用，再分鍋攪拌會較輕鬆，才不會手忙腳亂喔！若想要維持紅棕櫚油與酪梨油的美麗色澤，可使用母乳或是牛奶入皂，能延長天然油脂定色的時間喔！

材料

材料 ❶ 酪梨米糠皂

油脂

酪梨油	400g
米糠油	50g

鹼液

氫氧化鈉	67g
純水冰塊	153g

精油

甜橙	9g（約180滴）

材料 ❷ 紅棕櫚米糠皂

油脂

紅棕櫚果油	200g
米糠油	50g

鹼液

氫氧化鈉	35g
純水冰塊	80g

精油

精新精粹	5g（約100滴）

打皂時間 15～20分鐘
INS 硬度
酪梨米糠皂 96
紅棕櫚米糠皂 130

作法

A 製冰

1 將「**材料 ❶**」153g的水製成冰塊備用。
2 將「**材料 ❷**」80g的水製成冰塊備用。

B 融油

3 將「**材料 ❶**」的油脂量好並混合。
4 將「**材料 ❷**」的油脂量好並混合。

C 溶鹼

5 分別將「**材料❶**」、「**材料❷**」的冰塊放入兩鍋不鏽鋼鍋中，再將氫氧化鈉分3～4次倒入（每次約間隔30秒），同時需快速攪拌，讓氫氧化鈉完全溶解。
6 用溫度計測量油脂與鹼液的溫度，二者皆在35℃以下，且溫差在10℃之內，即可混合。

D 打皂

7 將「**材料❷**」的油脂緩緩倒入鹼液中，直到皂液呈現微微的濃稠狀，試著在皂液表面畫8，若可看見字體痕跡，代表濃稠度已達標準。
8 加入精油，攪拌300下。

E 入模

9 將皂液倒入模型中，讓皂液平均分布，做為第一層分層。

F 脫模

10 將「**材料❶**」的油脂緩緩倒入鹼液中，直到皂液呈現微微的濃稠狀，試著在皂液表面畫8，若可看見字體痕跡，代表濃稠度已達標準。
11 加入精油，攪拌300下。

G
分層

12 將酪梨米糠皂液倒入模型中，倒入時，一手拿著平放的刮刀，讓皂液倒於刮刀上，有助於做出漂亮的分層。

H
脫模

13 大部分的手工皂隔天就會成型，不過油品不同會影響脫模的時間，建議放置約1～3天再進行脫模。若是水分較多或是梅雨季時，可以延後脫模時間。

14 脫模後以線刀切皂，切好以後放入保麗龍箱2～3天，比較不容易產生皂粉。

娜娜媽試洗報告

具有好沖洗、泡沫多、洗後不緊繃，能帶來滋潤感等特性。利用紅棕櫚油的修護性，加上酪梨油的深層清潔效果，也適合作為洗淨全身的All in one皂款。

利用紅棕櫚油的天然色澤，可以設計變化出各式豐富的造型，像右邊這一款皂，搭配上杏桃核仁油，並加入備長碳粉，製造出斑馬紋路，充滿了大自然的原野風情，讓人看過一眼就印象深刻。

FOUR
KINDS OF
OIL

複合油品皂方
4 種油品的精煉搭配

此單元是以四種油品做為皂款的
配方，許多人還是習慣椰子油或
棕櫚油帶來的起泡度與潔淨力，
透過多種油品的搭配，帶來更為
全面性的洗感。

山茶花榛果保溼皂

有效滋潤不乾燥

山茶花油有很棒的穩定性，也比橄欖油清爽，具有高抗氧化物質，滲透性快，可有效被肌膚吸收，適用於全身肌膚。可在表皮形成一層薄薄的保護膜，鎖住肌膚水分，並防護紫外線與髒空氣對肌膚的損傷，還能給予肌膚滋養能量，預防過早出現的皺紋。

山茶花油也是滋養頭髮的好油，用於洗髮皂能洗出清爽有彈性的秀髮，作為洗臉皂的保溼效果也很優，好沖洗、保溼度佳，洗完後可以感覺到肌膚很咕溜，一般膚質皆適用。皂體耐洗不易軟爛，真的很推薦喔！

材料

油脂

榛果油	250g
山茶花油	210g
椰子油	100g
棕櫚油	140g

鹼液

氫氧化鈉	101g
純水冰塊	232g

添加物

茜草粉…少許（可依自己喜歡的粉紅深度做調整）

可可粉…………………1匙

精油

白茶玫瑰…………………14g

（約280滴）

打皂時間　35分鐘
INS硬度　132

作法

A
製冰

1 將232g的水製成冰塊備用。

B
融油

2 將所有油脂量好。秋冬時，椰子油與棕櫚油需先隔水加熱後，再與其他液態油脂混合。

C
溶鹼

3 將冰塊放入不鏽鋼鍋中，再將氫氧化鈉分3～4次倒入（每次約間隔30秒），同時需快速攪拌，讓氫氧化鈉完全溶解。

4 用溫度計測量油脂與鹼液的溫度，二者皆在35℃以下，且溫差在10℃之內，即可混合。

D
打皂

3 將油脂緩緩倒入鹼液中，持續攪拌約30分鐘，直到皂液呈現微微的濃稠狀（但不用像畫8那麼稠，以免無法調色）。

TIPS 此款皂達到light trace時就要開始調色，以免皂液過稠，就無法呈現平順的圓圈圈。

4 加入精油，再攪拌300下。

E
入模

5 將1000g的白色皂液分成900g和100g，先將900g皂液倒入模型中。

6 將100g的皂液再均分成兩等分，分別加入過篩後的茜草粉和可可粉，並攪拌均勻。

7 分別將兩種顏色的皂液倒入，大約10元硬幣的大小。倒入時動作請放輕，讓皂液在表面形成可愛的圓圈圈。

E
入模

8 在大圓圈之間，再交錯倒入小圓圈點綴。

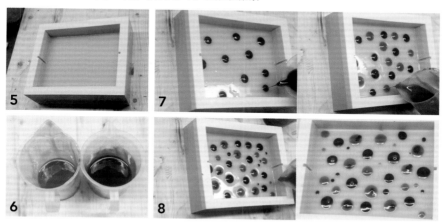

F
脫模

9 大部分的手工皂隔天就會成型，不過油品不同會影響脫模的時間，建議放置約3～7天再進行脫模。若是水分較多或是梅雨季時，可以延後脫模時間。

10 以線刀切皂後，放入保麗龍箱2～3天，比較不容易產生皂粉。

娜娜媽試洗報告

山茶花榛果保溼皂，起泡綿密，光用手輕搓就會很容易搓出泡泡。山茶花、榛果油這兩款油品的保溼度極佳，洗完臉水潤不緊繃，很好沖洗，也適合當作all in one皂來使用。洗完皮膚很滑嫩，隔天的觸感也很棒，皂體的硬度也相當適中，推薦給大家。

◀起泡綿密，輕輕搓揉就能擁有豐富的泡泡量。

榛果胡桃保溼皂

超乎想像的滋潤洗感

杏桃核仁油、榛果油、澳洲胡桃油,這三款極具保
溼力的油品組合在一起,光看就令人期待它所帶來
的洗感。雖然INS只有121,但成皂後的硬度絕對
會顛覆你的想像。

杏桃核仁油對於乾燥、脆弱、成熟及敏感肌膚特別
有幫助,還能帶來十足蓬鬆的泡沫;澳洲胡桃油的
成分非常接近皮膚的油脂,也擁有很好的吸收力與
滲透性;榛果油含有豐富的維他命與礦物質,具有
良好的延展性與滲透力,這三種油品搭配組合下,
讓人不禁想要細細品味這款皂所帶來的深度洗感。

若不喜歡椰子油的清潔力,可以將椰子油改為棕
櫚油。

材料

油脂

杏桃核仁油	280g
榛果油	210g
澳洲胡桃油	105g
椰子油	105g

鹼液

氫氧化鈉	101g
純水冰塊	232g

精油

櫻花精油	14g
(約280滴)	

添加物

茜草粉	3g
深粉紅石泥粉	3g

打皂時間　55分鐘
INS硬度　121

作法

A
製冰

1 將232g的水製成冰塊備用。

B
融油

2 將所有油脂量好。秋冬時，椰子油需先隔水加熱後，再與其他液態油脂混合。

C
溶鹼

3 將冰塊放入不鏽鋼鍋中，再將氫氧化鈉分3～4次倒入（每次約間隔30秒），同時需快速攪拌，讓氫氧化鈉完全溶解。

4 用溫度計測量油脂與鹼液的溫度，二者皆在35℃以下，且溫差在10℃之內，即可混合。

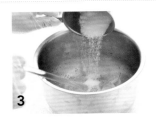

D
打皂

5 將油脂緩緩倒入鹼液中，持續攪拌50～55分鐘，直到皂液呈現微微的濃稠狀（但不用像畫8那麼稠，以免無法做渲染）。

6 將精油倒入，持續攪拌300下。

E
入模

7 將1000g的白色皂液分成700g和300g，先將700g皂液倒入模型中。

8 將300g的皂液平均分成三等分，分別加入過篩後的茜草粉（兩杯份）、深粉紅石泥粉（一杯份），並攪拌均勻。

9 將茜草粉皂液以Z字型的方向倒入模型中。

E
入模

10 將第二杯茜草粉皂液同樣以Z字型的方向倒入模型中。

11 將深粉紅石泥粉以Z字型隨意的倒入模型中，就能製作出具層次的紋路。

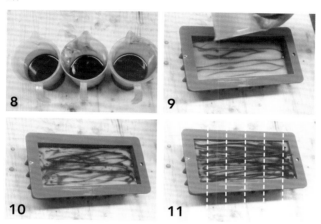

F
脫模

12 大部分的手工皂隔天就會成型，不過油品不同會影響脫模的時間，建議放置約3～7天再進行脫模。若是水分較多或是梅雨季時，可以延後脫模時間。

13 脫模後以線刀切皂（切的方向為圖**11**的虛線線條），切好以後放入保麗龍箱2～3天，比較不容易產生皂粉。

胡桃蘆薈寶貝乳皂

溫和潤澤，水潤保溼

這款皂是特別針對寶寶柔嫩肌膚所設計的，主要使用了三種非常滋潤的油品：澳洲胡桃油、蘆薈油、乳油木果脂。以澳洲胡桃油為主用油，帶來溫和潤澤的吸收力；蘆薈油的修護及保溼力，能為細嫩的肌膚帶來輕柔的呵護；加上同樣擁有非常優良保溼效果的乳油木，能製造出較硬且像Cream一樣泡沫的香皂。並採用棕櫚核仁油降低月桂酸的刺激性，此款皂對肌膚非常溫和，很適合嬰兒及過敏性肌膚的人使用。

材料

油脂

澳洲胡桃油	250g
蘆薈油	100g
乳油木果脂	210g
棕櫚核仁油	140g

鹼液

| 氫氧化鈉 | 97g |
| 母乳冰塊 | 223g |

精油

| 甜橙精油 | 14g |

（約280滴）

添加物

| 皂片 | 適量 |

打皂時間　2小時15分鐘
INS硬度　137

作法

A
製冰

1 將223g的母乳製成冰塊備用。

B
融油

2 將所有油脂量好，乳油木果脂需先隔水加熱融解，再與其他液態油脂混合。秋冬時，棕櫚核仁油也需先隔水加熱後再混合。

C
溶鹼

3 將冰塊放入不鏽鋼鍋中，再將氫氧化鈉分3～4次倒入（每次約間隔30秒），同時需快速攪拌，讓氫氧化鈉完全溶解。

4 用溫度計測量油脂與鹼液的溫度，二者皆在35℃以下，且溫差在10℃之內，即可混合。

D
打皂

5 將油脂緩緩倒入鹼液中，持續攪拌約2小時15分鐘，直到皂液呈現微微的濃稠狀，試著在皂液表面畫8，若可看見字體痕跡，代表濃稠度已達標準。

6 將精油倒入，持續攪拌300下。

E
入模

7 將皂液倒入模型中，大約八分滿的高度。

8 輕輕的將兩塊皂片分別以橫向面及直立面放入。

9 將剩下的皂液輕輕的倒入模型中，並完全蓋覆住皂片。

F
脫模

10 大部分的手工皂隔天就會成型，不過油品不同會影響脫模的時間，建議放置約3～5天再進行脫模。若是水分較多或是梅雨季時，可以延後脫模時間。

11 脫模後以線刀切皂，切好以後放入保麗龍箱2～3天，比較不容易產生皂粉。

乳油木滋潤洗顏乳皂

持久保溼力，減少水分流失

乳油木果脂的必用理由：修護、保溼、幫助傷口癒合，讓人不愛它也難！搭配可以改善蠟黃肌膚的杏桃核仁油，做出一款極具功能性的洗顏皂。

此皂款加入榛果油讓洗感更為升級，榛果油的滋潤效果很好，可有效防止老化，做出使用感極佳的洗臉皂。優異持久的保溼力，讓它的擴散力與滲透力比甜杏仁油的效果還要好。還能有效防止肌膚水分流失，即使敏感性膚質與嬰兒肌膚，洗後仍能感到光滑柔軟。

材料

打皂時間 80分鐘
INS硬度 127

油脂

乳油木果脂 ⋯⋯⋯⋯280g
杏桃核仁油 ⋯⋯⋯⋯175g
榛果油 ⋯⋯⋯⋯⋯⋯140g
椰子油 ⋯⋯⋯⋯⋯⋯105g

鹼液

氫氧化鈉 ⋯⋯⋯⋯⋯98g
牛乳冰塊 ⋯⋯⋯⋯⋯225g

精油

波本天竺葵 ⋯⋯⋯⋯14g
（約280滴）

添加物

茜草粉 ⋯⋯⋯⋯⋯⋯5g
深粉紅石泥粉 ⋯⋯⋯3g

作法

A
製冰

1 將225g的牛乳製成冰塊備用。

B
融油

2 將所有油脂量好,乳油木果脂需先隔水加熱融解,再與其他液態油脂混合。秋冬時,椰子油也需先隔水加熱後再混合。

C
溶鹼

3 將牛乳冰塊放入不鏽鋼鍋中,再將氫氧化鈉分3～4次倒入(每次約間隔30秒),同時需快速攪拌,讓氫氧化鈉完全溶解。

4 用溫度計測量油脂與鹼液的溫度,二者皆在35℃以下,且溫差在10℃之內,即可混合。

D
打皂

5 將油脂緩緩倒入鹼液中,持續攪拌約80分鐘,直到皂液呈現微微的濃稠狀(light trace的程度,畫8有輕微且不會消失的痕跡即可)。

6 將精油倒入皂液中,再持續攪拌300下。

E 入模

7 將1000g的白色皂液分成700g和300g，先將700g的白色皂液倒入模型內（約八分滿）。

8 將300g的皂液分裝成3個量杯，各為100g。將茜草粉、深粉紅石泥粉過篩後，分別加入皂液裡，並攪拌均勻調色。另一杯為原色皂液。

> **TIPS** 茜草粉剛調好時的顏色較深，但成皂後顏色會變淺，可以依自己喜歡的深淺調整用量。

9 分別將深色、淺色皂液倒在兩個對角的角落，再在相同位置倒入原色皂液。兩個角落分別是深色→原色→淺色、淺色→原色→深色的順序倒入。

10 另外兩個對角角落，以步驟9的相同方式倒入皂液，讓四個角落分布著具層次的圈圈。

F 脫模

11 大部分的手工皂隔天就會成型，不過油品不同會影響脫模的時間，建議放置約3～7天再進行脫模。若是水分較多或是梅雨季時，可以延後脫模時間。

12 脫模後以線刀切皂，切好以後放入保麗龍箱2～3天，比較不容易產生皂粉。

娜娜媽試做分享

用渲染技法也可以做出不同的花樣，這也是手工皂迷人有趣的地方之一，加點巧思與變化，就能做出與眾不同的造型。

蜜糖可可保溼乳皂

高度滋潤，給肌膚極致的寵愛

可可脂具有很高的滋潤度，保溼效果極優，可在肌膚上形成保護膜。成皂硬度高，是冬天製皂的好材料。可可脂可分為精製（白色）、未精製（黃色，有可可香）兩種，未精製過的營養成分較高。可可脂帶有巧克力般的香味，加入白香草精油，就變成芳香可人的肥皂，洗起來更加愉悅。

可可脂特別適合乾燥及敏感的皮膚（油性肌膚不適用，易長痘痘），也可以替代棕櫚油支撐肥皂的硬度，並增加保溼性，加上具保溼力的蜂蜜，讓這款皂成為冬天的必備皂款。

材料

油脂

可可脂	210g
橄欖脂	140g
澳洲胡桃油	140g
榛果油	210g

鹼液

氫氧化鈉	95g
母乳冰塊	200g
母乳	20g

精油

白香草	14g
（約280滴）	

添加物

蜂蜜	20g

打皂時間　3小時
INS硬度　102

作法

A
製冰

1 將200g的母乳製成冰塊備用。

2 將蜂蜜加入到20g的母乳中攪拌均勻備用。

B
融油

3 將可可脂先隔水加熱融解，再與其他液態油脂混合。

C
溶鹼

4 將母乳冰塊放入不鏽鋼鍋中，再將氫氧化鈉分3～4次倒入（每次約間隔30秒），同時需快速攪拌，讓氫氧化鈉完全溶解。

5 用溫度計測量油脂與鹼液的溫度，二者皆在35℃以下，且溫差在10℃之內，即可混合。

D
打皂

6 將油脂緩緩倒入鹼液中，持續攪拌約3小時，直到皂液呈現微微的濃稠狀（light trace的程度，畫8有輕微且不會消失的痕跡即可）。

7 將步驟2的蜂蜜母乳倒入皂液中，持續攪拌300下後，加入白香草精油，再持續攪拌300下。

E
入模

8 先鋪上一直線的皂條，再將皂液倒入模型中，大約1/4分滿。

9 將刨好的皂絲放入皂液中，並攪拌均勻。

10 將皂液倒入模型中。

11 加入蜂蜜的皂會因為皂化反應升溫產生水珠，擦掉即可，並不影響使用。

F 脫模

12 大部分的手工皂隔天就會成型，不過油品不同會影響脫模的時間，建議放置約3～7天再進行脫模。若是水分較多或是梅雨季時，可以延後脫模時間。

13 脫模後以線刀切皂，切好以後放入保麗龍箱2～3天，比較不容易產生皂粉。

娜娜媽試洗報告

這款皂能搓出細緻的泡泡，泡沫像小柔珠在臉上滾動，且泡沫不易消失，續航力佳。洗後水嫩Q彈，在冷氣房裡也不會覺得乾澀，不擦保養品也很滋潤，能帶給肌膚極致寵愛的享受。

皂友試洗分享

使用手工皂前，習慣先拿起來聞味道，這款皂的氣味很淡，有類似可可的香甜氣味，還沒洗之前已經甜到心裡了，打濕手工皂及雙手，皂與雙手摩擦產生數量很多的泡泡，打出的泡泡很清爽，帶到臉上先塗在T字部位清潔，再滑動到雙頰，完全不需要起泡袋就能擁有大量的泡泡。將泡泡停留在全臉按摩，感受咕溜的洗感，給臉部做個spa，最後清潔完臉部，可以感受到T字部位洗得很乾淨，雙頰不乾澀，清爽的洗感非常適合於夏季使用，也很適合中性混合肌使用。

皂友分享——鐘水餃

這塊皂像極了一塊牛奶糖，視覺上極具趣味感，使用時就像將牛奶糖塗抹在身上那般的愉悅。

皂友分享——作菜趣

開心酪梨洗顏乳皂

擁有輕盈蓬鬆的迷人泡泡感

這款洗顏皂以60%的酪梨油作為核心，帶來深層清潔的效果，加入蓖麻油增加起泡度並增加洗感；開心果油能帶來細小的泡泡，可以像滾珠一樣深入清潔毛孔，並提供良好的保溼度。

這一款成皂因酪梨油帶來淡淡的天然綠色色澤，搭配上馬卡龍皂加以點綴，製作出可愛的點心造型。除了好看，更是好洗，對於容易出油、毛孔粗大的膚質，具有良好的清潔力，適合每一種膚質，趕快試試看這一塊洗顏皂的洗感魅力吧！

娜娜媽喜歡利用這款皂作為卸妝皂，大家也可以試試看喔！

材料

油脂

酪梨油	420g
開心果油	70g
棕櫚油	140g
蓖麻油	70g

鹼液

氫氧化鈉	94g
母乳冰塊	216g

精油

Miaroma 經典岩蘭 14g
（約280滴）

添加物

馬卡龍皂 ⋯⋯⋯ 數個

打皂時間　12 ～ 15分鐘
INS 硬度　107

作法

A
製冰

1 將216g的母乳製成母乳冰塊備用。

B
融油

2 將所有油脂量好。秋冬時，棕櫚油需先隔水加熱後，再與其他液態油脂混合。

C
溶鹼

3 將母乳冰塊放入不鏽鋼鍋中，再將氫氧化鈉分3～4次倒入（每次約間隔30秒），同時需快速攪拌，讓氫氧化鈉完全溶解。

4 用溫度計測量油脂與鹼液的溫度，二者皆在35℃以下，且溫差在10℃之內，即可混合。

D
打皂

5 將油脂緩緩倒入鹼液中，持續攪拌約10～12分鐘，直到皂液呈現微微的濃稠狀，試著在皂液表面畫8，若可看見字體痕跡，代表濃稠度已達標準。

6 將精油倒入，持續攪拌300下。

E
入模

7 將皂液倒入模型中，並將馬卡龍皂放入點綴。

F 脫模	**8**	大部分的手工皂隔天就會成型，不過油品不同會影響脫模的時間，建議放置約 1 ～ 3 天再進行脫模。若是水分較多或是梅雨季時，可以延後脫模時間。
	9	脫模後放於保麗龍箱 2 ～ 3 天，比較不容易產生皂粉。

娜娜媽試洗報告

在這一次的單品油測試裡，最受歡迎的酪梨油也是娜娜媽常用的油品之一，不但穩定度好、起泡力佳、又能提供硬度，真的是值得推薦的好油品，所以這一次設計了含60%的酪梨油的配方來當作洗顏卸妝皂與大家分享。

娜娜媽一般都只有上隔離霜，所以這一款皂的洗淨力對我來說就已足夠，但平常若是有畫眼妝或是比較濃妝的朋友，還是要依照一般的卸妝程序，再使用這一款開心酪梨洗顏乳皂加以清潔，泡沫細緻好沖洗，值得大家來體驗。

皂友試洗分享

中度清潔力，清洗後會在皮膚表面留下一層微微的包覆感，待擦乾後，那層滑潤包覆彷彿與皮膚融合，成為一個舒服且適度的保護，膚觸也因此感覺滑滑潤潤，臉部不上保養品也絲毫不會覺得乾燥緊繃。

皂友分享——楊雅玲

身為做皂人最大的樂趣就是做出一塊好洗的皂，首先必須透過學習吸收正確的做皂知識，並在材料與配方的搭配上下一番功夫，還有了解油脂及各種膚質的特性，經由油鹼混合後產生的變化，都是令人期待的。

我是屬於油性敏感型肌膚，洗臉時，習慣先用水搓出細緻的泡沫，在微濕的臉上沿著鼻翼兩側開始按摩，再移動至額頭用兩手指尖繞圈，從眉心向眼尾重複三次，順著眼尾繞眼周 3 圈，接下來由下巴往兩頰向上按摩。透過輕柔的動作讓手工皂與肌膚做親密的接觸，一定能體驗讓身體接觸大自然沐浴的舒暢感受。身體的細胞一個個打開，充分得到潔淨的舒暢感受，只有自己親身體驗才能感受，沉浸在創造幸福的健康潔淨生活中。

皂友分享——陳春妙

SOAP FOR HAIR

潤澤養護洗髮皂

自製洗髮皂和市售洗髮精最大的不同在於少了許多添加物，例如起泡劑、防腐劑、香精、乳化劑等等。

比起用於洗澡、洗臉，洗髮皂需要更多的時間來適應，但是只要度過適應期，你就會愛上頭皮呼吸的感覺，一定要試試看！

潤澤養護洗髮皂

一般的洗髮精對頭皮來說，除了添加物還有過度清潔、過度刺激的問題，不管是男生、女生，都會有掉髮或是頭皮屑雪花片片飛的困擾，當然壓力也是落髮的原因之一，但自己做的洗髮皂少了化學添加物，洗起來更放心。

DIY洗髮皂只需要使用油脂、水、氫氧化鈉三大材料。洗髮皂常用的油品像是椰子油，起泡度高、可以搓出大泡泡；蓖麻油裡的蓖麻酸醇可以使髮絲柔順；山茶花油，自古以來即為護膚護髮的美容聖品，掌握油品特性，絕對是做出好洗皂的關鍵。

讓頭皮重新找到呼吸的感覺

對於已經長期習慣洗髮精的頭皮來說，洗髮皂是新的接觸，需要時間適應，大部分的人會有一～四星期的適應期。剛換洗髮皂的朋友可能會有以下的反應現象：❶ 頭皮出油、❷ 掉頭髮、❸ 頭皮屑變多，每個人適應期出現的狀況都不一樣，因人而異，但是只要能夠度過上述的適應期，你就會愛上頭皮會呼吸的感覺。

像娜娜媽使用洗髮皂已經近10年的時間，若因旅行外出使用洗髮精，隔天一定馬上出現「油頭」，為什麼會這樣呢？因為長時間使用洗髮皂，已大大減少化學物質累積殘留於頭皮上，所以一般的洗髮精對我來說反而會是一種負擔。

除了頭皮適應的問題，洗髮皂還「很挑人使用」，每個人頭皮出油的程度、髮質的特性等等，都會帶來不同的影響，可能有些人喜歡蓖麻油帶來的滑潤感，但有些人會覺得過於黏膩，得要親身試洗過後，才能找到屬於自己的皂款。

洗髮皂也能製造出驚人的起泡度

這一次特別設計了幾款不同配方的皂款讓大家選擇。特別提醒大家，使用洗髮皂時，需進行二次洗髮，第一次清潔頭皮，沖水後進行第二次清潔頭皮＋髮絲，而且打溼時水量一定要夠多，起泡度才會更好喔！

洗髮皂清潔 STEP BY STEP

1. 先將頭髮打濕。
2. 手拿肥皂搓出泡泡（或用皂袋，幫助起泡）。
3. 先搓洗頭皮，再拿肥皂搓洗髮尾。
4. 按摩頭皮後，加一點水搓出泡泡後再沖水。
5. 進行第二次清洗。手拿肥皂搓出泡泡，搓揉髮尾起泡度更好。
6. 第二次的泡泡量多很多，可以從頭皮按摩並清洗到髮尾。
7. 先將泡泡擠掉後再沖水，建議使用熱水會更易沖淨。
8. 在髮尾抹上少許的山茶花油，再用指腹撥鬆頭髮後吹乾。

   TIPS 將洗髮皂放入起泡袋裡，有助於泡泡的產生，也可以避免髮絲黏於髮皂上。

髮皂改善成果大調查

髮皂比一般洗臉、洗澡用的手工皂更需要適應期，別人說好用的髮皂不見得適合你，雖然需要用心體驗、不斷嘗試，但是不要因為麻煩而放棄了這個好東西。感謝皂友參與協助這次的髮皂大調查，希望能幫助大家對於髮皂有更多的認識與信心！

名次	改善情況	票數
Top 1	減少出油	538
Top 2	減少掉髮	468
Top 3	頭皮屑變少	335
Top 4	試用過髮皂還是無法適應	294
Top 5	改善頭皮癢	285
Top 6	長出新髮	206
Top 7	頭皮和髮際不長痘痘	154

篦麻杏桃洗髮皂

讓秀髮輕盈蓬鬆不糾結

蓖麻油中的蓖麻酸醇，可讓頭髮變得柔順，是製作洗髮皂的常用油品。迷迭香精油非常適合使用於洗髮皂中，可以帶來天然芳香的氣息，還能夠改善落髮、修護受損髮質、刺激毛髮生長，減少頭皮屑等等。這款皂沖洗時不會感到黏膩，吹乾頭髮時好梳理，適合中性偏油頭皮的人使用。

這款洗髮皂很好沖洗，雖然洗第二次時會覺得有一點澀，但還是比一般洗髮皂的洗感好很多。洗完頭髮的隔天，會感到頭髮蓬鬆輕盈，特別適合容易塌髮的髮質。

材料

油脂

椰子油·················180g

篦麻油·················100g

杏桃核仁油···········280g

棕櫚油·················140g

鹼液

氫氧化鈉···············105g

純水冰塊···············242g

精油

迷迭香········5g（約100滴）

紅壇雪松···5g（約100滴）

薰衣草········4g（約80滴）

添加物

茜草粉····························5g

深粉紅石泥·············少許

皂塊···························兩塊

打皂時間　40分鐘

INS硬度　145

作法

A 製冰

1　將242g的水製成冰塊備用。

B 融油

2　將所有油脂量好。秋冬時，椰子油、棕櫚油需先隔水加熱後，再與其他液態油脂混合。

C 溶鹼

3　將冰塊放入不鏽鋼鍋中，再將氫氧化鈉分3～4次倒入（每次約間隔30秒），同時需快速攪拌，讓氫氧化鈉完全溶解。

4　用溫度計測量油脂與鹼液的溫度，二者皆在35℃以下，且溫差在10℃之內，即可混合。

作法

D
打皂

5 將油脂緩緩倒入鹼液中，持續攪拌40分鐘，直到皂液呈現微微的濃稠狀（但不用像畫8那麼稠，以免無法做渲染）。

6 加入精油，攪拌300下。

7 先取出100g的皂液，加入過篩的深粉紅石泥，形成咖啡色皂液，做為最後渲染表面使用。

8 在900g的皂液裡，加入過篩茜草粉，攪拌均勻，形成紅棕色皂液。

E
入模

9 將紅棕色皂液倒入模型中，大約八分滿，再放入兩塊皂塊。

10 將剩下的紅棕色皂液全部倒入模型中，最後再用步驟**7**的咖啡色皂液以V字形的方式來回勾勒出線條。

F
脫模

11 此款皂大約24小時即可成型，確認已是常溫狀態，即可脫模切皂。

12 以線刀切皂後，放入保麗龍箱2～3天，比較不容易產生皂粉。

皂友試洗分享

這款皂起泡容易，非常好抓洗按摩，在髮際容易疏忽的地方多次搓洗，洗後沖完頭時有點不習慣這洗得超級乾淨的澀澀感，原本有點擔心會不會讓頭髮太乾，因為往往使用洗髮精沒用潤髮或護髮時，邊吹或是吹完後都會覺得頭髮澀澀的，不夠柔軟還有點刺刺的。然而這疑慮在吹乾的過程中都不見了，越吹越乾後，你的手可以摸到乾乾淨淨的滑順感，但卻一點也不乾澀，吹乾後非常的柔順，好像有用潤髮般，會讓人一直重複摸著自己頭髮，這感覺真是驚喜，隔天起床梳頭的感覺還是不變，哇！我想我愛上用手工皂來洗頭髮了！

皂友分享—— Kate Li

酪梨深層洗髮皂

各種髮質都適用的好洗皂款

這一款皂也是娜娜媽想要大力推薦給大家的好洗髮皂。酪梨油可帶來優質清潔力，同時還能提供深層滋潤，製造出綿密的泡泡感，非常好沖洗。

這款皂配方改用 3.5 倍的水，做出來的皂一遇到水就會變得晶瑩透明，即使洗到薄薄一片也不軟爛。但若用 2.3 倍的水製作時，皂體就無法呈現透明感，所以水分比例是做出透明皂的關鍵。

改用 3.5 倍的水，就能做出晶瑩剔透的手工皂。

材料	
油脂	**添加物**
椰子油 245g	白色圓形皂團
蓖麻油 245g	**精油**
未精緻酪梨油 210g	迷迭香 ..... 7g（約 140 滴）
鹼液	大西洋雪松 7g
氫氧化鈉 106g	（約 140 滴）
純水冰塊 371g	
（3.5 倍水）	

打皂時間 8 ～ 10分鐘
INS 硬度 153

作法

A
製冰

1 將 371g 的水製成冰塊備用。

B
融油

2 將所有油脂量好。秋冬時，椰子油需先隔水加熱後，再與其他液態油脂混合。

C
溶鹼

3 將冰塊放入不鏽鋼鍋中,再將氫氧化鈉分3 ～ 4次倒入(每次約間隔30秒),同時需快速攪拌,讓氫氧化鈉完全溶解。

4 用溫度計測量油脂與鹼液的溫度,二者皆在35℃以下,且溫差在10℃之內,即可混合。

3

D
打皂

5 將油脂緩緩倒入鹼液中,持續攪拌約8 ～ 10分鐘,直到皂液呈現微微的濃稠狀,試著在皂液表面畫8,若可看見字體痕跡,代表濃稠度已達標準。

6 加入精油,攪拌300下。

E
入模

7 將皂液倒入模型中,大約一半的高度,再隨意的放入圓形皂團。

8 再將剩下的皂液倒入填滿。

7

F
脫模

9 3.5倍水的配方,大約9小時即可成型,確認已是常溫狀態,即可脫模切皂。若是水分較多或是梅雨季時,可以延後脫模時間。

10 脫模後以線刀切皂,切好以後放入保麗龍箱2 ～ 3天,比較不容易產生皂粉。

皂友試洗分享

我大約是過肩的中長髮,有點自然捲,髮尾略為乾燥。原本也有使用手工皂洗頭的習慣,所以對於用「皂」清潔頭髮的方式已能接受。

此款皂擁有舒服的綠色漸層皂體,帶有淡淡的草本植物香味,可以搓出多且鬆的泡泡。將豐富的泡泡塗在沖濕的頭髮上,按摩頭皮及頭髮,以大量水沖淨後,哇!一整個清爽,整個頭在吹乾後,就是「輕」、「鬆」的感覺。

皂友分享——連淑芳

酪梨洗髮鹽皂

改善落髮・幫助頭皮找回呼吸力

在這一次的千人髮皂大調查裡（請見p153）發現，大家使用髮皂後獲得最大的改善前三名分別是：落髮、出油、頭皮發癢等問題。落髮似乎已經不是男士們才會有的困擾，現在許多男生、女生都會為了落髮而煩惱，所以運用酪梨油深層清潔的特性，設計出這一款可以將頭皮清潔乾淨、讓頭皮重新找到呼吸力的酪梨洗髮鹽皂。

海鹽富含豐富的礦物質，有助於消炎，還可幫助頭皮清潔、讓頭皮恢復正常代謝，改善落髮。另外加入薄荷腦，可以帶來清涼感。油脂分泌旺盛，或是頭皮容易長痘痘的朋友，建議可以試試看這一款洗髮皂。

材料

油脂

酪梨油⋯⋯⋯⋯⋯⋯280g

蓖麻油⋯⋯⋯⋯⋯⋯140g

山茶花⋯⋯⋯⋯⋯⋯140g

椰子油⋯⋯⋯⋯⋯⋯140g

鹼液

氫氧化鈉⋯⋯⋯⋯⋯101g

純水冰塊⋯⋯⋯⋯⋯202g

（因為鹽皂會出水，所以水分減少至2倍量）

精油

迷迭香⋯⋯⋯⋯⋯⋯7g

（約140滴）

胡椒薄荷⋯⋯⋯⋯⋯7g

（約140滴）

添加物

海鹽⋯⋯⋯⋯⋯⋯⋯70g

薄荷腦⋯⋯ 7g（敲碎備用）

打皂時間　15分鐘

INS硬度　132

作法

A
製冰

1 將204g的水製成冰塊備用。

B
融油

2 將所有油脂量好。秋冬時，椰子油需先隔水加熱後，再與其他液態油脂混合。

C
溶鹼

3 將冰塊放入不鏽鋼鍋中，再將氫氧化鈉分3～4次倒入（每次約間隔30秒），同時需快速攪拌，讓氫氧化鈉完全溶解。

4 用溫度計測量油脂與鹼液的溫度，二者皆在35℃以下，且溫差在10℃之內，即可混合。

作法

D
打皂

5 將油脂緩緩倒入鹼液中，持續攪拌約15分鐘，直到皂液呈現微微的濃稠狀，先加入薄荷腦攪拌均勻後，試著在皂液表面畫8，若可看見字體痕跡，代表濃稠度已達標準。

6 再加入海鹽，持續攪拌均勻。

E
入模

7 加入精油，攪拌300下。

8 將皂液倒入模型中，並放入皂塊即可。

TIPS 建議可使用單膜製作，可避免鹽皂一切就碎的困擾。

F
脫模

9 大部分的手工皂隔天就會成型，不過油品不同會影響脫模的時間，建議放置約1天再進行脫模。若是水分較多或是梅雨季時，可以延後脫模時間。

10 脫模後以線刀切皂，切好以後放入保麗龍箱2～3天，比較不容易產生皂粉。

娜娜媽試洗報告

這一款皂可說是夏季必備款，可以充分感受到薄荷腦帶來的沁涼感，豐盈的泡泡很好沖洗，洗後不乾澀，加上薄荷精油的清涼感，可舒緩易搔癢的肌膚，喜歡清新香氣、清涼洗感的朋友不要錯過囉！

杏桃洗髮乳皂

中乾性頭皮適用

可樂果粉是娜娜媽很推崇的一款添加物，富含精氨酸，可促進蛋白形成，加入洗髮皂中，可以改善落髮問題、促進頭髮增生。可樂果粉外觀為咖啡紅，入皂後，呈現暗褐色，可為皂的外型帶來變化。

這款皂除了使用大家很熟悉的椰子油、蓖麻油之外，還加入了杏桃核仁油及榛果油帶來更優質溫和的起泡力。這款皂適合中乾性頭皮使用。

材料

打皂時間 38分鐘
INS硬度 159

油脂

椰子油 ⋯⋯⋯⋯⋯ 280g
杏桃核仁油 ⋯⋯⋯ 175g
蓖麻油 ⋯⋯⋯⋯⋯ 105g
榛果油 ⋯⋯⋯⋯⋯ 140g

鹼液

氫氧化鈉 ⋯⋯⋯⋯ 109g
母乳冰塊 ⋯⋯⋯⋯ 251g

精油

紅檀雪松精油 ⋯⋯ 7g
（約140滴）
迷迭香精油 ⋯⋯⋯ 7g
（約140滴）

添加物

深色可樂果粉 ⋯⋯ 5g
淺色可樂果粉 ⋯⋯ 14g

作法

A 製冰

1 將251g的母乳製成母乳冰塊備用。

B 融油

2 將所有油脂量好。秋冬時，椰子油需先隔水加熱後，再與其他液態油脂混合。

C 溶鹼

3 將母乳冰塊放入不鏽鋼鍋中，再將氫氧化鈉分3～4次倒入（每次約間隔30秒），同時需快速攪拌，讓氫氧化鈉完全溶解。

4 用溫度計測量油脂與鹼液的溫度，二者皆在35℃以下，且溫差在10℃之內，即可混合。

D
打皂

5 將油脂緩緩倒入鹼液中，持續攪拌約38分鐘，直到皂液呈現微微的濃稠狀，試著在皂液表面畫8，若可看見字體痕跡，代表濃稠度已達標準。

6 將精油倒入皂液中，再持續攪拌300下。

E
入模

7 將1000g的原色皂液分成800g和200g，再將800g皂液倒入模型裡。

8 將200g的原色皂液平均倒入兩杯量杯中，分別加入深色、淺色的可樂果粉。

9 先將深色可樂果粉倒入模型中，沿著模型邊緣倒入兩條平行線。

10 將淺色的可樂果粉重疊倒在深色的線條上。

F
脫模

11 大部分的手工皂隔天就會成型，不過油品不同會影響脫模的時間，建議放置約1～3天再進行脫模。若是水分較多或是梅雨季時，可以延後脫模時間。

12 脫模後以線刀切皂，切好以後放入保麗龍箱2～3天，比較不容易產生皂粉。

皂友試洗分享

外觀是乳白色及磚紅色的花紋，很素雅。搓揉頭髮時配合適量的水，多量的泡泡像幫頭皮SPA，卻不如市售洗髮精那樣厚重。不用潤絲沖洗，頭髮也不糾結，吹乾後每一根頭髮都像呼吸般柔順舒適。綿密的泡泡讓肌膚像是在洗泡泡浴一樣，臉部肌膚洗後不緊繃，很清爽。忙碌一天沉重的身體在洗完澡後，留有淡淡的馨香，不只洗淨外在的塵埃，心靈上也很舒壓。睡前洗這款肥皂很舒服，有鎮靜及幫助入眠的感覺。如果有趟旅行建議帶著這款皂，適合從頭洗到腳，除了減量行李重量外，也讓自己的身心靈重新深呼吸，真是太棒了。

皂友分享——馬淑婷

椰子蓖麻清爽洗髮皂

改善頭皮屑、頭皮濕疹

對這一款皂的印象特別深刻，因為研發出來請同學試洗後，沒想到大受好評，改善了他多年的頭皮濕疹及頭皮屑的困擾，還請我務必要多多推廣這款好皂。這款皂雖然只使用了兩種油品，但是用在對的人身上，效果是非常值得期待喔！蓖麻油含量較多的肥皂，使用時水量一定要夠多，起泡度才會明顯喔！

這一塊皂的水分比例為油量的一半（350公克），完成後會呈現透明的皂體，但隨著晾乾皂體會慢慢變霧，但碰到水後又會變透明，非常有趣喔！

▲此配方也可以稍微調整作法，以50％苦茶油＋50％椰子油，就能做出同樣好洗的髮皂。

材料	
油脂	**鹼液**
椰子油⋯⋯⋯⋯350g	氫氧化鈉⋯⋯⋯112g
蓖麻油⋯⋯⋯⋯350g	純水冰塊⋯⋯⋯350g
	精油
	紅檀雪松⋯⋯⋯14g
	（約280滴）

打皂時間　15分鐘
INS硬度　177

作法

A
製冰

1 將350g的水製成冰塊備用。

B
融油

2 將所有油脂量好。秋冬時，椰子油需先隔水加熱後，再與篦麻油混合。

C
溶鹼

3 將冰塊放入不鏽鋼鍋中，再將氫氧化鈉分3～4次倒入（每次約間隔30秒），同時需快速攪拌，讓氫氧化鈉完全溶解。

4 用溫度計測量油脂與鹼液的溫度，二者皆在35℃以下，且溫差在10℃之內，即可混合。

D
打皂

5 將油脂緩緩倒入鹼液中，持續攪拌約12～15分鐘，直到皂液呈現微微的濃稠狀，試著在皂液表面畫8，若可看見字體痕跡，代表濃稠度已達標準。

6 將精油倒入皂液中，再持續攪拌300下。

E
入模

7 將皂液倒入模型中。

F
脫模

8 大部分的手工皂隔天就會成型，不過油品不同會影響脫模的時間，建議放置約1天再進行脫模。若是水分較多或是梅雨季時，可以延後脫模時間。

9 脫模後以線刀切皂，切好以後放入保麗龍箱2 ～ 3天，比較不容易產生皂粉。

皂友試洗分享

很開心能夠參加這次的盲洗活動，很幸運的被抽中了，但也很緊張，因為許久沒有寫作文了，文筆也不佳，形容詞更是詞窮，但既然這麼幸運的被抽中了，當然是要盡全力的把使用後的感覺表達出來。

收到郵局包裏後，還沒看到皂之前就先聞到天然的皂香味，打開後看到三塊不同顏色、不同造型的皂，真的是好美好美哦！真的好想收藏起來，實在是捨不得拿來用。

我是屬於中性髮質，臉部則是T字部位帶油性，兩頰是乾性，身體肌膚為乾性。洗這三塊皂最大享受的就是沉浸在那天然的皂香味中，第一次享受到沐浴是一件這麼美好的事，以往總是洗戰鬥澡，覺得有洗乾淨就好，可是這三天卻讓我洗到不想出來，嘻嘻！

第一天洗的是粉橘帶粉紅色的皂（p154箆麻杏桃洗髮皂），洗後整體的感覺是乾淨清爽，這是我第一次用皂洗頭髮，充滿了驚喜，洗完時乾乾澀澀的，但在梳頭髮時卻完全沒打結，自然蓬鬆，而且不用髮蠟就可以塑型了。用來洗臉，臉部T字部位可維持約十個小時不出油，兩頰卻又沒有乾澀感，身體肌膚在沖水時覺得有乾澀感，但沖完水完擦乾乾澀感就消失了。

第二天洗的是膚色的皂（p72開心果油皂），感覺比較溫和滋潤，臉部可維持約八個小時不出油。第三天洗的是綠色的皂（p108杏桃米糠保溼皂），感覺比前款皂更清爽，但洗後一樣沒有乾澀的感覺，洗的時候感覺好像沈浸在充滿芬多精的森林中。

我但對皂香情有獨鍾，最後還是要再説一次，娜娜媽做的皂好天然好好聞哦！忍不住拿起來多聞幾次，心情變得好愉快、好放鬆、好舒服哦！

皂友分享—— Katrina Tsou

山茶花牛乳髮皂

享受山茶花油帶來的深層呵護

山茶花油不僅做成洗臉皂能帶來很棒的洗感，做成洗髮皂也一樣好用極了！日本傳統會把山茶花油做為護髮用油，就可知做為髮皂也能帶來相當優秀的效果。此款皂好沖洗、起泡度中等，記得有蓖麻油成分的皂款，洗髮時水分一定要夠多，起泡度才會明顯喔！

加入透明的皂塊，為這款皂大大提升了質感。透明的部分因為接觸空氣後慢慢變霧，但遇水後又會變透明了喔！

材料

油脂

山茶花油⋯⋯⋯⋯420g

蓖麻油⋯⋯⋯⋯140g

棕櫚油⋯⋯⋯⋯140g

鹼液

氫氧化鈉⋯⋯⋯⋯95g

牛乳冰塊⋯⋯⋯⋯219g

精油

白柚精粹⋯⋯⋯⋯5g
（約100滴）

大西洋雪松⋯⋯⋯⋯9g
（約180滴）

添加物

椰子蓖麻洗髮皂塊

打皂時間　50分鐘

INS硬度　113

作法

A
製冰

1 將219g的牛乳製成冰塊備用。

B
融油

2 將所有油脂量好。秋冬時，棕櫚油需先隔水加熱後，再與其他液態油脂混合。

C
溶鹼

3 將冰塊放入不鏽鋼鍋中，再將氫氧化鈉分3～4次倒入（每次約間隔30秒），同時需快速攪拌，讓氫氧化鈉完全溶解。

4 用溫度計測量油脂與鹼液的溫度，二者皆在35℃以下，且溫差在10℃之內，即可混合。

D
打皂

5 將油脂緩緩倒入鹼液中，持續攪拌約50分鐘，直到皂液呈現微微的濃稠狀，試著在皂液表面畫8，若可看見字體痕跡，代表濃稠度已達標準。

6 將精油倒入皂液中，再持續攪拌300下。

E
入模

7 將皂液倒入模型中，並放入P167的椰子蓖麻清爽洗髮皂。

F
脫模

8 大部分的手工皂隔天就會成型，不過油品不同會影響脫模的時間，建議放置約 3 ～ 7 天再進行脫模。若是水分較多或是梅雨季時，可以延後脫模時間。

9 脫模後以線刀切皂，切好以後放入保麗龍箱 2 ～ 3 天，比較不容易產生皂粉。

娜娜媽試洗報告

山茶花洗髮皂是這一次的髮皂裡泡沫最多最鬆綿的泡泡，搓揉的時候還可以聽見泡泡跳舞的聲音，似洗髮精的豐盈氣泡，充滿空氣感，可以深入洗淨髮絲，充分按摩頭皮。

好沖洗、不易糾結，洗髮後輕拍水分後，在髮尾上抹上幾滴荷荷芭油，吹乾頭皮後，輕鬆無負擔，髮絲上有一絲蠟感，不用使用慕斯造型品，頭髮就可以很蓬鬆有造型。

皂友試洗分享──芝麻油乳皂

我的髮質屬於細軟，髮尾乾燥極易打結。頭皮非常敏感，且對所有的市售洗髮精幾乎都會過敏。或許引發我過敏的成分是市售洗髮精中被廣泛使用且相當基礎的原料，因此不論更換何種品牌、便宜的或者昂貴的有機洗髮精結果都一樣，洗後頭皮會有劇癢和類似皮膚破皮的疼痛感。有些則會讓我洗後立刻冒出過敏性的大膿痘，時常也會因為洗髮精的刺激而誘發頭皮濕疹與脂漏性皮膚炎。因此我的頭皮偏油，是因為目前仍處在頭皮皮脂失衡的狀態中，經常的疼痛、敏感與大量掉髮。

這款皂洗起來很像用潤髮乳在洗頭，毛髮接觸到皂液時，感覺到毛鱗片被撫順閉合，因此搓洗頭皮時完全滑順、手指不卡毛髮。且皂液接觸頭皮的感覺相當溫和舒服，有徹底舒緩頭皮嚴重敏感的效果；雖然我覺得這款皂使用在洗髮時泡泡稍微偏少，但是它的滑潤皂液完全能勝任溫和清潔與保護髮絲的工作。

非常的好奇想知道這是什麼材料製成。而其結果卻是出乎意料之外的簡單，材料更是唾手可得。它其實就是 純正黑麻油皂（p60）！原以為純正麻油皂洗完應該會出現一鍋麻油炖母雞那樣的畫面，實則純正無添加麻油香料的黑麻油，經過皂化之後，天然的植物氣味經過轉化，已不再是原本的麻油味道，而是呈現淡淡的植物氣味。沐浴過後，身上也不會留下一絲氣味；髮尾和頭皮則會透出微微木本氣味。

皂友分享──楊雅玲

Lesson

4

手工皂
Q&A研究室

仔細記錄、完全圖解，
破解你最想知道的「製皂」難題。

做皂是種化學反應，會因為每一次製
作時的環境、氣候、配方等不同，而
產生各式各樣的狀況，以下網羅了大
家做皂時最常遇到的30個問題，一一
圖解教你順利做出不失敗的天然皂。

Q1 每一種皂款都會有縮水情形嗎？

大部分的手工皂都會有縮水的問題，不同油品做出的成皂縮水情況也不同。娜娜媽試著進行一場小小的實驗，比較幾種皂款的縮水情形。將成皂兩個月的單品油皂放置在密閉房間裡，並以除濕機連續除濕15個小時，再測量除濕前後的重量，發現左邊幾款單品油皂的縮水情形最為明顯，而且水皂比母乳皂更易縮水。

皂款	縮水率
未精製酪梨油皂	水皂18% 母乳皂11%
山茶花油皂	水皂15% 母乳皂11%
芥花油皂	13.8～16%
澳洲胡桃油皂	10.8%
開心果油皂	10.75%
米糠油皂	9%

Q2 我的手工皂為什麼會酸敗？

亞油酸用油的比例太高（例如大豆油、葡萄籽油）、攪拌不均勻、材料不新鮮、晾皂環境過於潮濕，以上原因都有可能讓皂提前酸敗。

▲此為放置一年多的單品葡萄籽油皂，已酸敗凹陷。

Q3 如何判斷我的皂是否酸敗了？

可以從皂的外觀和味道來判斷。觀察皂的外觀顏色，是否有黃斑、出油、凹陷等異常變化，或是聞一聞是否有油耗味。壞掉的皂還能洗嗎？可以，但清潔力會降低，如果酸敗情形不嚴重時，建議拿來做成洗衣粉清潔衣物。

手工皂常見的腐壞狀況

① 黃斑

▲放置一年多的甜杏仁油皂，表面開始出現黃斑、乾縮變形凹陷。　▲葵花油皂放置一星期就開始長油斑，一個月後還軟QQ。

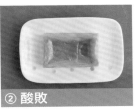

② 酸敗

▲葡萄籽油皂放了一年後，嚴重出油、變黃、酸敗。

③ 乾縮

▲放置一年多乾縮酸敗的芥花油皂。　▲乾縮的篦麻椰子皂。

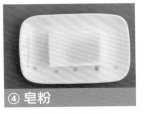

④ 皂粉

▲皂體表面覆蓋一層皂粉。

Q4 為什麼冬天做手工皂時，不能太快進行脫模？

冬天因為天冷，容易差生溫差，有一些脂肪酸的鏈長比較長，反應成皂的速度比較慢，所以多放幾天可以減少失溫造成的鬆糕和皂粉的出現，這也是為什麼純橄欖皂和馬賽皂的皂粉會比較厚的原因。

皂粉

▲皂的表面很明顯被一層白白的粉給包覆住，即為「皂粉」。

◀家事皂太快切皂產生的失溫現象，討厭的白粉又出現了。

Q5 為什麼會產生白粉（皂粉）？該如何消除呢？

白粉（皂粉）基本上是因為溫差造成的現象，例如剛做好的皂放在冷氣房裡，開始皂化後接觸到冷空氣而產生溫差時，就會出現皂粉。不皂化物多的油品（如澳洲胡桃油）也比較容易形成皂粉，尤其是未精緻的油品。

想要避免產生皂粉，可以在模型上面覆蓋一層保鮮膜即可預防。若已產生皂粉有以下幾種方式可以改善，改善後的皂即能正常使用：

❶ 蒸氣熨斗
利用蒸氣的水氣及溫度讓白粉消失。

❷ 水洗法
適用於淺層的白粉，將皂洗一洗後晾乾即可。

❸ 刨刀刨除
適用於淺層的白粉，用刨刀將白粉刨除。

❹ 電鍋蒸煮法
將有白粉的皂放入大同電鍋，內鍋加一點水後放入皂，利用蒸氣蒸10秒即可，若還有白粉可再蒸5秒，不可以一次蒸太久，以免皂糊掉喔！

❺ 噴酒精
適用於淺層的皂粉，利用酒精噴於白粉表面。

▲經過蒸氣處理後可發現皂粉已改善。

▲表層的皂粉，可用刨刀刮除即可。

◀以酒精噴灑在皂的表面，可消除白粉。

◀左邊為噴過酒精的肥皂，是不是有恢復了一點色澤了呢？

Q6 什麼是鬆糕？要如何處理鬆糕皂？

鬆糕通常是攪拌不均勻、保溫不足或是太快切皂所引起的邊緣失溫效應，尤其脫模後24小時就切皂，又遇到溫差較大的情況下更易產生。或是攪拌不均勻、升溫太快、過鹼都會造成鬆糕的現象，這時可用「再製法」重新熱製。

熱製法的作法

❶ 將鬆糕皂或不滿意的皂刨成絲，放入電鍋的內鍋中，內鍋放入皂總重1/6的水，外鍋放2～3杯水，開始蒸煮。皂絲會吸收蒸煮過程中的水氣，變得越來越軟。

TIPS 若是過鹼的鬆糕，需要補回不夠的油脂再重新熱製喔！

▲產生鬆糕時不用擔心，像這一塊皂是因表面失溫所產生鬆糕，刨掉外層的肥皂，裡面是可以正常使用的肥皂喔！

❷ 等第一次開關跳起後，外鍋再放2杯水重複煮一次，煮到皂開始有流動性，完全沒有塊狀即可入模。

❸ 大約放置一星期，讓皂體變硬就可以進行切皂、晾皂，以試紙測試pH值在9以下就可以使用了。

Q7 什麼是果凍？

皂化的過程中溫度升高、散熱的速度不夠快，而產生類似果凍的情況。通常有發生果凍的情形，皂化會比較完整，但仍需靜置晾皂，一個月後再使用。

▲果凍皂。

▲皂化過程中產生的果凍現象。

Q8 為什麼皂表面會產生水珠，該怎麼辦呢？

皂化過程中所產生的水氣無法散掉時，會在表面形成水珠，輕輕擦拭即可，不影響使用。

▲水氣無法散去時，就會在表面形成水珠。

▲用廚房紙巾反覆輕壓水珠即可。

Q9 乳皂與水皂哪一種的成皂比較硬？

這是我在做水分測試時發現的硬度問題，乳皂成皂的確比較硬。因為不管是牛乳、母乳、羊乳裡面都有動物性脂肪，所以成皂後的硬度會比水做的硬一點，實際觸摸比較過這兩種皂的同學都覺得不可思議呢！

Q10 乳皂和水皂的顏色會有差別嗎？

大部分的母乳為乳黃色，所以做出來的成皂，顏色就會較深、較黃，在與油混合的過程中，就會看出加母乳和水的顏色會有所差異，成皂顏色當然也會有所不同。

▲澳洲胡桃油本身為咖啡色，與母乳混合時會呈現乳黃色（左圖）；與水混合時會呈現油脂本身的顏色（右圖）。

Q11 水分的多寡會影響打皂的時間嗎？

水分越多，打皂時間越久，成皂越軟。水分的多寡也會影響皂的縮水率。

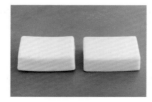
▲相同油品下，4倍水和2.5倍水的成皂縮水程度有很明顯的差距。

▲葵花油單品皂4倍水比複方油品的縮水率更高。

Q12 溫度越低打皂時間需要越久？

因為皂化需要溫度，所以溫度越低皂化的時間需要越長，這也是為什麼在冬天打皂會比較辛苦的原因。

Q13 手工皂一定要添加椰子油才能起泡嗎？

只要是手工皂都會起泡喔，差別在於泡泡的大小與清潔力（請見p32 起泡度測試）。

▶榛果油單品皂也有很棒的起泡度。

Q14 只要是油＋鹼＋水做成的皂都會有洗淨力嗎？單品油皂也一樣嗎？

只要是手工皂都具有洗淨力，差別在於脂肪酸提供的清潔度。每種單品油製作成肥皂時，都會帶來不同的洗感，而只要是植物油或動物油的組成都是脂肪酸，加入氫氧化鈉或氫氧化鉀時，就會產生化學變化。

鈉皂＝脂肪酸鈉＋甘油、鉀皂＝脂肪酸鉀＋甘油，所以油＋鹼＋水＝皂，就會具有清潔力。

具有清潔力的原因是因為化學分子一端親水、一端親油，能將油汙溶解後再由水帶走，類似乳化反應。

Q15 做皂時應該選擇已精緻還是未精緻的油品比較好？

已精製的油品比未精緻的油品相對來說較為穩定，建議拿來做保養品比較不會影響香味的表現，若是你做了一款乳油木護手霜，即使加了精油還是會聞到乳油木特殊的味道，就會影響精油的表現。但用於做皂時，娜娜媽比較喜歡用未精緻的油品，享受到原油更多的養分。

Q16 水和母乳或是牛乳皂的保存期限哪一個比較久？

娜娜媽開始做肥皂都是以母乳皂居多，所以很早就發現母乳皂保存的時間比水皂還要久，因為母乳裡面的脂肪會跟氫氧化鈉結合變成胺基酸，能讓皂更穩定，大多數人都覺得不可思議，就讓我們藉由小小「實驗」來測試，下面的圖就是娜娜媽的實驗結果。

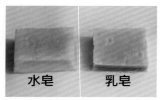

▲此款皂為葡萄籽油，左側加水、右側加母乳，一個月後，水皂已經開始起黃斑。

▲以芥花油來做測試，水皂一個月後就開始酸敗。

 Q17 剛切好的皂為什麼會有明顯的色差？

切皂後因為皂體乾燥的速度不同，就會產生明顯的色差，形成一個色框，所以隨著每個星期切皂所呈現的邊框粗細都不一樣，待皂完全乾燥顏色就會變得均勻，這不是果凍現象，不用擔心喔！

▲切皂後一星期的皂體色差。

▲切皂後三星期的皂體色差。

Q18 我的皂出現白白斑點,是發霉了嗎?該怎麼辦呢?

皂體上出現不均勻的白白斑點,這不是皂發霉了,而是皂的濕氣沒辦法排除所產生的皂霜,把它放在顯微鏡下觀察,看到的是結晶體,而不是發霉的菌絲。

通常是因為皂切好後,進行晾皂時將皂排得過於密集靠近,或是皂的底部不夠乾燥,就會產生皂霜,可以將其輕輕刮除,並不會影響使用喔!

▲這一塊皂因為切好後不小心置於盤子上,兩個月後發現時,就出現像這樣的皂霜。

 Q19 黃斑會傳染嗎?

圖片為單品油皂,右邊的皂接觸到有黃斑的皂沒有立即擦掉,過了一星期後就產生黃斑,而且油斑一直持續產生,由此可知,除了用到易酸敗的油品會導致皂產生黃斑之外,也可能因為沾到黃斑皂而造成傳染。

▲一出現黃斑就需立即處理挖除,以免深陷擴大。

 Q20 天然油品做的皂一定會褪色嗎?

紅棕櫚油能做出橙紅色的肥皂,酪梨油能做出綠色的肥皂,但是隨著放置的時間越久,顏色就會慢慢變淡,這是正常的喔!如果想減緩它們褪色的速度,可以用不透光的牛皮紙袋包覆住,減少空氣、光線的接觸,就能保護色澤。或是使用牛乳、母乳製皂,可以減緩褪色的速度。

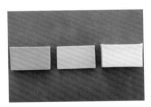
▲這三塊都是純酪梨油皂,隨著放置時間越久,顏色變得越淡,最白的這一塊皂已放置超過一年。

母乳或是牛乳皂比水皂更容易定色嗎？

娜娜媽用幾種油品分別加入母乳與水來做測試，發現乳皂的確比水皂更不易褪色，具有定色的效果。

酪梨油乳皂
VS.
酪梨油水皂

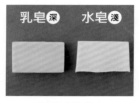

澳洲胡桃乳皂
VS.
澳洲胡桃水皂

榛果油乳皂
VS.
榛果油水皂

 為什麼皂的表面會有很多小氣泡？

通常是因為攪拌過程打入太多空氣所造成的現象，或是使用電動打蛋器也會產生較多的小氣泡。

▲打皂時打入過多空氣時，成皂表面就會出現很多小氣泡。

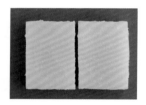

▲將產生泡泡的表面用刨刀刨除即可，並不影響皂的使用。

 油品裡的油酸越高越容易導致酸敗？

不一定，還是要視油品的穩定性及肥皂有沒有打均勻，還有晾肥皂的環境等等，都有可能是酸敗的原因。

 製作洗髮皂一定要使用苦茶油或是山茶花油嗎？

在這一次的單品油測試裡，發現一款超好洗的all in one配方，只利用兩種油品：杏桃核仁油和酪梨油就做出好洗的全效皂（P93），裡面沒有山茶花和苦茶油，甚至連椰子油和蓖麻油都沒有，但卻能做出洗後不糾結的髮皂，是娜娜媽大力推薦的皂款。

單品油做的皂真的好洗嗎？

有一些單品油皂都好用的不得了，娜娜媽和一些皂友們洗過之後都驚為天人！像是杏桃核仁油、酪梨油、山茶花油的單品油皂，都可以從頭洗到腳，保證不會讓你失望。

TIPS 在國外有對堅果或是核果類過敏的案例，此類單純油品皂請先進行局部試洗後，沒問題再大面積使用。

不加椰子油也可以做出好洗的皂嗎？

以前覺得好像行不通的觀念，但經過這次測試後發現，很多單品油都有很棒的起泡力，清潔力也不錯，所以沒有添加椰子油，一樣能做出好洗皂。

棕櫚油會帶來起泡力嗎？

以前總以為棕櫚油只有負責皂的硬度，沒想到這一次試洗純棕櫚油皂後，發現它的起泡度不錯、同時也擁有清潔力，趕快試試看吧！

透明皂是怎麼做出來的？

網路上流行的透明小菎皂，娜娜媽用不同的配方測試後，發現皂體「透不透」取決於水分，水分少皂體就不透，水分多（油重的一半）就會透明。

但切皂後因為皂的水分流失，所以皂體會慢慢變得不透明，但遇水洗幾次以後皂體又會變透明了，是一款很有趣的皂，想嘗鮮的朋友一定要試試看這一款配方（p167）！

▲這款皂遇到水之後會變得透明，不使用時，皂中水分慢慢揮發、含水量降低而變成半透明或不透明狀。

▲這兩塊是同一個配方做成的皂，右圖是剛切皂時呈現的透明感，左圖是切皂後一星期，呈現霧化的狀態。

為什麼100%的蓖麻油皂不易起泡？

蓖麻油裡的OH基展現十足的親水性，所以水越多會越透明，就像棕櫚油皂在沖水時水是霧的，但蓖麻油皂洗的水是透明的。

蓖麻油的起泡力和椰子油不大一樣，椰子油是快速產生大但不綿密的泡泡；蓖麻油則不容易快速起泡。因為蓖麻油溶解性太好，在水裡三個小時就會消失的無影無蹤且容易軟爛，所以建議與其他油品搭配使用，或是用在液體皂的配方裡。

蓖麻油酸的結構與酒精類似，都有OH基，因此製造透明皂時需要它，但是因為太親水容易溶解，因此也偏軟。

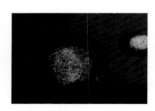

◀單純的蓖麻油皂完全搓不出泡泡，需與其他油品搭配使用。

 皂洗一洗為什麼會出現透明的東西？這是什麼？

洗單品油皂時會發現常常出現類似透明的膠體，尤其是榛果油皂、杏桃核仁油皂的膠體最為明顯。以往會以為這種膠體就是甘油（是一種脂類），後來發現這並不是全然的甘油，更可能的是甘油＋水＋皂的混合物。若你將這些膠體拿起來洗就會發現，它們跟肥皂一樣具有起泡和清潔的作用喔！

◀使用單品油皂時幾乎都會出現這種透明的膠體。

一起來打皂！
貼心三大服務

❋ 手工皂材料 各式油品／Miaroma 環保香氛代理／單方精油／手工皂＆液體皂材料包、工具

❋ 客製化代製 代製專屬母乳皂／手工皂／婚禮小物／彌月禮／工商贈品

❋ DIY 教學課程 基礎課／進階課／手工皂證書班／渲染皂／分層皂／捲捲皂／蛋糕皂／液體皂

娜娜媽媽皂花園 ❋

購物車：www.enasoap.com.tw

地址：新北市新店區北新路 2 段 196 巷 9 號 1 樓（近捷運新店線七張站）

電話：0922-65-9988

信箱：enasoap@gmail.com

TANITA®
健康をはかる

電子廚秤

製作喜愛的手工皂，
提供精確的測量儀器！

電子廚秤
KD-313

最大秤重	3000g
最小感度	1g

商品尺寸/重量：D205xW153xH36(mm) / 含電池約368g

● 簡易操作, 時尚設計
● 吊掛孔, 可固定吊掛
● 自動關機省電功能

日本原裝

電子廚秤
KD-192

最大秤重	2000g
最小感度	微量模式下0～200g為0.1公克 200～1000g為0.5公克 一般模式下0～2000g為1公克

商品尺寸/重量：D196xW130xH27(mm) 含電池約362g

● 可測量牛奶及水：ml毫升模式功能
● 內附矽面板, 可拆下、清洗
● 附吊掛孔, 可固定吊掛
● 自動關機省電功能
● 時尚設計、顏色豐富

電子廚秤
KD-191

最大秤重	2000g
最小感度	0～1000g為0.5公克 1000～2000g為1公克

商品尺寸/重量：D196xW134xH30(mm) / 含電池約383g

● 可放置喜愛的照片, 可折疊直立放置
● 吊掛孔, 可固定吊掛
● 自動關機省電功能

西合健康概念館
Western HOUSE OF HEALTH

西合實業股份有限公司
台北市中正區博愛路12號 02-2314-1131
新北市中和區連城路238號4樓 02-2226-1189

http://www.
western-union.com.tw
0800-533-899

肌膚接觸面的棕色布料、不是染色的，

是無漂無染的棕色天然彩棉，

特別採用公平貿易認證的有機彩棉紗，

全程台灣織造、透氣好洗，

唯一的希望，是讓肌膚自由呼吸♥

cherryP
櫻桃蜜貼*
彩棉布衛生棉

☑ 舒適、沒有異物感

☑ 透氣、怪味道跟紅疹不見了

☑ 就像只穿上內褲一樣零存在感

☑ 只要泡一下沖一沖、就很乾淨了

國家圖書館出版品預行編目(CIP)資料

娜娜媽的天然皂研究室 / 娜娜媽作. -- 初版. --
臺北市：貝果文化, 2015.08
　面；　公分. -- (幸福手作系列；4)
ISBN 978-986-92019-0-2(平裝)

1.肥皂
466.4　　　　　　　104011766

幸福手作
004

幸福手作系列 004

娜娜媽的天然皂研究室
30款不藏私獨家配方大公開

作　　者	娜娜媽
攝　　影	王正毅
主　　編	紀欣怡
美術設計	IF OFFICE

出版發行	采實出版集團
行銷企畫	黃文慧、王珉嵐
業務發行	張世明、楊筱薔、賴思蘋
法律顧問	第一國際法律事務所　余淑杏律師
電子信箱	acme@acmebook.com.tw
采實官網	http://www.acmestore.com.tw/
采實文化粉絲團	http://www.facebook.com/acmebook

ISBN	978-986-92019-0-2
定價	380元
初版一刷	2015年08月07日
初版二刷	2015年08月13日
劃撥帳號	50148859
劃撥戶名	采實文化事業有限公司
	100台北市中正區南昌路二段81號8樓
	電話：(02)2397-7908
	傳真：(02)2397-7997

貝果文化

采實文化出版集團
ACME PUBLISHING GROUP www.acmestore.com.tw

幸福手作
004

娜娜媽的天然皂研究室

30款不藏私獨家配方大公開

讀者資料（本資料只供出版社內部建檔及寄送必要書訊使用）

❶ 姓名：

❷ 性別：□男　□女

❸ 出生年月日：民國　　　　年　　　　月　　　　日（年齡：　　　歲）

❹ 教育程度：□大學以上　□大學　□專科　□高中（職）　□國中　□國小以下（含國小）

❺ 聯絡地址：

❻ 聯絡電話：

❼ 電子郵件信箱：

❽ 是否願意收到出版物相關資料：□願意　□不願意

購書資訊：

❶ 您在哪裡購買本書？□金石堂（含金石堂網路書店）　□誠品　□何嘉仁　□博客來

　　□墊腳石　□其他：　　　　　　　　　　　　（請寫書店名稱）

❷ 購買本書日期是？　　　　年　　　　月　　　　日

❸ 您從哪裡得到這本書的相關訊息？□報紙廣告　□雜誌　□電視　□廣播　□親朋好友告知

　　□逛書店看到　□別人送的　□網路上看到

❹ 什麼原因讓你購買本書？□喜歡手作　□被書名吸引才買的　□封面吸引人

　　□內容好，想買回去參考　□其他：＿＿＿＿＿＿＿＿＿＿＿＿＿＿（請寫原因）

❺ 看過書以後，您覺得本書的內容：□很好　□普通　□差強人意　□應再加強　□不夠充實

　　□很差　□令人失望

❻ 對這本書的整體包裝設計，您覺得：□都很好　□封面吸引人，但內頁編排有待加強

　　□封面不夠吸引人，內頁編排很棒　□封面和內頁編排都有待加強　□封面和內頁編排都很差

寫下您對本書及出版社的建議

❶ 您最喜歡本書的特點：□圖片精美　□實用簡單　□包裝設計　□內容充實

❷ 您對書中所傳達的手工皂步驟，有沒有不清楚的地方？

❸ 未來，您還希望我們出版哪一方面的書籍？

好康抽獎活動

即日起至 2015/11/30 前，

填妥讀者回函寄回，就有機會獲得

《Tanita 廚秤 01-TT-KD313》共 3 名

中獎名單於 2015/12/4 公布於采實文化粉絲團

https://www.facebook.com/acmebook

市價：$ 1,980
（白、粉紅兩色，隨機出貨）

衡量重量的精算小幫手
1. 最大秤重：3000 公克
2. 最小感度：1 公克
3. 簡易操作時尚設計，吊掛孔可
　 固定吊掛，自動關機省電功能
4. 保固期間：1 年
5. 製造國別：日本
6. 配件：DC 3V、單 3 號電池 x2 個、
　 中文說明書